W0261857

PRAKTIKUM DER QUALITATIVEN ANALYSE

FÜR CHEMIKER · PHARMAZEUTEN UND MEDIZINER

VON

DR. PHIL. RUDOLF OCHS

ASSISTENT AM CHEMISCHEN INSTITUT
DER UNIVERSITÄT BERLIN

MIT 3 ABBILDUNGEN IM TEXT
UND 4 TAFELN

SPRINGER-VERLAG BERLIN HEIDELBERG GMBH

1926

ISBN 978-3-662-26849-0   ISBN 978-3-662-28315-8 (eBook)
DOI 10.1007/978-3-662-28315-8

Kommilitonen!

Niemand von Euch wird erwarten, daß eine Anleitung zur qualitativen Analyse etwas grundsätzlich Neues bringe, das es Euch ermöglicht, die vorgeschriebenen Übungsanalysen in acht Wochen zu erledigen, statt in etwa anderthalb Semestern fleißiger Arbeit.

Niemand von Euch wird ferner der Meinung sein, ein kleiner *Leitfaden* für die Praxis könne den Besuch der grundlegenden Vorlesungen über Experimentalchemie oder den Gebrauch eines ausführlichen Lehrbuchs überflüssig machen.

Was Ihr dagegen erwarten könnt, ist, einen Ratgeber zu finden, der Euch nur das an Methoden bringt, was verläßlich und erprobt ist und der Euch, statt eine Kritik verschiedener Verfahren zu verlangen (die Ihr noch gar nicht haben könnt), nur die brauchbarsten und am schnellsten zum Ziel führenden nennt und Euch im übrigen anleitet, die Bewertung einzelner Methoden und Reaktionen durch die Praxis zu erlernen. In dieser nnd in mancher anderen Hinsicht werden vor allem die *kursiv* gedruckten Anmerkungen nützlich sein, denn sie enthalten Hinweise auf häufige Fehler, kritische Bemerkungen und ähnliches.

Ein Lehrbuch oder eine Vorlesung ersetzt das Buch nicht! Alles Theoretische und Spezielle (wie z. B. die Reaktionen und Trennungen der seltenen Erden und anderer in Übungsanalysen nur ausnahmsweise oder gar nicht vorkommender Elemente, die Ihr an entsprechender Stelle in Klammern genannt findet) müßt Ihr zu Hause durcharbeiten. An vorzüglichen Lehrbüchern hierfür mangelt es nicht. (Es seien u. a. die von GUTBIER, RIESENFELD und TREADWELL genannt, die auch bei der Abfassung dieses kleinen Werkchens zu Rat gezogen wurden.) Wohl aber herrscht ein gewisser Mangel an rein praktischen, nur das Wesentliche in kritischer Darstellung bringenden Anleitungen zum qualitativ-chemischen Arbeiten.

Kenntnis der anorganischen Chemie, speziell der Ionentheorie, sowie Vertrautheit mit den einfachsten Laboratoriumsarbeiten (Glasrohre biegen, Korke durchbohren) setzt das Buch voraus. Ohne dieses Wissen und Können soll man überhaupt nicht mit Analysen beginnen.

Tafeln für die Trennung der einzelnen Gruppen werdet Ihr hier vermissen. Sie würden das Buch unnötig verteuern, denn ihr praktischer Wert ist nicht sehr groß. Wer nichts kann, braucht sie doch nur zum „Kochen", wer etwas kann, entbehrt sie nicht. Für rasches Nachschlagen und Überblicken dessen, was zu tun ist, genügt die Zusammenstellung der Seitenzahlen der Gruppentrennungsgänge, die Ihr auf einem besonderen Blatt zu Anfang findet. Nützlicher noch werden Euch die mikrophotographischen Tafeln mit Abbildungen analytisch wichtiger Kristallformen am Schluß des Buches und die zahlreichen Hinweise im Text sein.

Daß die Schlagwort-Angaben über Eigenschaften und Vorkommen der einzelnen Stoffe kein Lehrbuch ersetzen, sondern nur gelegentlich Erinnerungen wecken sollen, braucht wohl nicht besonders betont zu werden; ebensowenig, daß es völlig unmöglich ist, selbst in einem mehrbändigen Werk alle nur irgendwie ausdenkbaren Schwierigkeiten und Komplikationen zu nennen oder gar Mittel zur Abhilfe anzugeben.

Sollte Euch das Buch über den leichten Anfang und die schwerere Fortsetzung der qualitativen Analyse weghelfen, in der nicht „aller Anfang schwer" ist, so hätte dadurch eine aufrichtige Freude

der Verfasser.

Berlin, im April 1926.

Inhaltsverzeichnis.

Zum raschen Auffinden der Trennungsgänge.

Ein ausführliches Sachregister findet sich am Schluß des Buches.

Einleitung.

Zeit zu sparen muß heutzutage mehr denn je das Ziel jedes Studierenden sein. Es liegt in der Natur der Sache, daß es gerade die Anfänger am eifrigsten, aber freilich auch am ungeschicktesten zu erreichen suchen.

Ehe man mit qualitativen Analysen beginnt, präge man sich den zwar widersinnig klingenden, aber durchaus ernst gemeinten Satz ein: je langsamer man arbeitet, desto rascher kommt man vorwärts. (Langsam im Sinn von sorgfältig und überlegt, wohlverstanden! Denn 10 Minuten brauchen, um einen Korken zu durchbohren, ist keineswegs ein Ideal!)

Die kleine Anleitung enthält nichts Unnötiges, so daß der Studierende sicher sein kann, daß sie nichts von ihm verlangt, was nicht den sofort oder später erkennbaren Zweck hätte, ihm weiter zu helfen. Sie kann und will weder ein Lehrbuch noch eine Vorlesung ersetzen. Sie will aber auch kein „Kochbuch" sein, sondern ein verläßlicher Leitfaden „aus dem Laboratorium — für das Laboratorium".

Was zur qualitativen Analyse nötig ist.

(Zahlen und Maße ungefähr!)

12 Reagensgläser im Gestell.

3 Abdampfschalen aus Porzellan (50, 100, 200 ccm).

6 Glasstäbe verschiedener Länge.

3 Glastrichter (5, 10, 12 cm Durchmesser).

Filtrierpapier und Rundfilter. Filtriergestell.

4 Bechergläser (75, 100, 200, 300 ccm).

4 Erlenmeyerkolben (75, 100, 200, 300 ccm).

2 Spritzflaschen.

Ein Stück Kobaltglas (S. 84).

Ein Stückchen Platindraht, in einen Glasstab eingeschmolzen, oder 6 Magnesiastäbchen.

2 Dutzend Glühröhrchen.

6 Uhrgläser (4 bis 10 cm Durchmesser).

Verschiedene Korke.
Glasrohr (etwa 4 mm weit) zum Biegen.
2 Feilen (dreikantig und rund).
Bunsenbrenner mit Dreifuß und Asbest-Drahtnetz. Wasserbad.
Korkbohrer.
Schere.
Rotes und blaues Lackmuspapier.
Flaschen für Pulver und Flüssigkeiten.
Protokollbuch.

Allgemeines über das qualitativ-analytische Arbeiten.

Es ist ein unter den Studierenden verbreiteter Irrtum, daß die Ausbildung in der qualitativen Analyse vornehmlich den Zweck habe, das Auseinanderklauben der absonderlichsten Gemische zu lehren. Diese Gemische, die als „Analysensubstanzen" ausgegeben werden, enthalten oft so viele und so verschiedenartige Stoffe, daß die meisten Fälle der Praxis gegenüber diesen Übungsbeispielen verhältnismäßig einfach sind. Gleichen sie doch oft, um ein mit Recht bekannt gewordenes Scherzwort zu brauchen, mehr „explodierten Drogenhandlungen", als natürlichen oder technisch wichtigen Mischungen. Wenn trotzdem den Studierenden zugemutet wird, Zeit und Kraft an die Aufarbeitung derartiger Proben zu wenden, so hat es natürlich einen tieferen Sinn, und zwar den, daß der angehende Chemiker lernen soll, wie die einzelnen Ionen unter den verschiedensten Bedingungen und in Wechselwirkung mit anderen Ionen sich verhalten. Man vergesse auch nicht, daß in diesen Gemischen stets annähernd gleiche Mengen der nachzuweisenden Stoffe gegeben werden. Es ist ein riesiger Unterschied, ob man eine Übungsanalyse macht oder eine technische. Die technischen erfordern spezielle Methoden, die, nach erlangter Beherrschung der allgemeinen, aus Spezialwerken zu ersehen sind. Bei den Übungsanalysen liegt die Schwierigkeit in der Zusammensetzung, bei den „praktischen" oft in den Mengenverhältnissen. Aluminium neben Zink zu finden, ist nicht schwer, aber wenig Zink neben viel Aluminium nachzuweisen, erfordert große Übung! Man darf also nicht glauben, in den „qualitativen Semestern" vorwiegend mit Anforderungen der Praxis vertraut gemacht zu werden. Das kommt später. Das Hauptziel der Ausbildung in der qualitativen Analyse ist vielmehr, eine sichere Beherrschung der Reaktionen der einzelnen Elemente in ihren wichtigen Verbindungen zu erlangen. Hieraus ergeben sich folgende Forderungen:

1. Niemals versäumen, sich genauestens mit den Reaktionen der Stoffe vertraut zu machen, ehe man sie als Bestandteile von Analysensubstanzen bearbeitet.

2. Über jede Beobachtung einen — wenn auch noch so kurzen — Eintrag ins Protokollbuch, wenn nötig mit Angabe der Reaktionsgleichungen, zu machen.

Die Befolgung dieser beiden Regeln ist äußerst zeitsparend! Wer drauflos analysiert ohne die nötigen theoretischen und experimentellen Grundlagen, leidet mit Sicherheit über kurz oder lang Schiffbruch und wird statt eines guten Analytikers ein schlechter Laborant!

Einige Arbeitsregeln.

1. Fällungsversuche mit ganz wenig der zu prüfenden Lösung (1 bis 2 ccm) unter Zugabe von 2 bis 3 Tropfen des gelösten Reagenses in sauberem Reagensglas anstellen.

2. Erfahrungen über die Empfindlichkeit der einzelnen Reaktionen sammeln, indem man mit angenähert bekannten Mengen und Konzentrationen arbeitet und sich Aussehen der Niederschläge nach Farbe und Menge merkt.

3. Immer arbeiten, als handle es sich um quantitative Bestimmungen. Die Übersetzung von qualitativ = „es kommt nicht drauf an" und quantitativ = „jetzt heißt's aber sauber arbeiten" ist zwar verbreitet, aber falsch.

4. Filter sollen 2 cm unter dem Trichterrand aufhören und vom Niederschlag zu etwa $^2/_3$ gefüllt werden.

5. Filtergröße nach Niederschlagmenge, nicht nach Trichtergröße wählen.

6. Darauf achten, daß Filter im Trichter gut anliegen. Vor dem Eingießen der zu filtrierenden Lösung anfeuchten.

7. Niederschläge im allgemeinen mit heißem Wasser auswaschen. (Heiße Flüssigkeiten filtrieren wesentlich rascher als kalte.)

8. Mit Gas und Wasser sparsam umgehen!

9. Reaktionen, bei denen üble Gerüche oder stark saure Dämpfe entstehen können, unter dem Abzug anstellen und Lockflamme anzünden.

Weitere Regeln finden sich an geeigneter Stelle im besonderen Teil.

Wie man nicht Zeit spart!

1. Indem man Reagenzien nicht in Lösungen bekannten Gehalts anwendet, sondern die festen Stoffe in die zu prüfenden Lösungen wirft. (Eine ebenso häßliche als verbreitete Unsitte.)

2. Indem man grundsätzlich keine Identitätsproben anstellt, sondern sich angewöhnt, Niederschläge nach ihrer Farbe zu beurteilen. (Häufiger Dialog z. B.: „Wie kommen Sie denn grade auf Eisen?" „Ich habe gedacht, weil's braun war ...")

3. Indem man Niederschläge auf dem Filter entweder gar nicht oder nur ungenügend und mit kaltem Wasser auswäscht.

4. Indem man zu kleine Filter anwendet und dadurch Teile des Niederschlags über den Filterrand ins Filtrat spült.

5. Indem man Sparsamkeit am falschen Platz betreibt und nur einen Trichter, drei Reagensgläser und — statt mehrerer Glasstäbe — ein Stückchen Glasrohr vorrätig hat.

6. Indem man Vorproben im Glührohr, am Magnesiastäbstäbchen usw. als „zeitraubend" unterläßt.

7. Indem man unsaubere Glasgefäße benutzt, nicht rechtzeitig, d. h. vor dem Antrocknen von Niederschlägen, abwäscht und Unordnung auf dem Arbeitsplatz hat.

8. Indem man fehlende Reagenzien und Geräte nicht rechtzeitig ergänzt.

9. Indem man, statt ständig eine Spritzflasche mit heißem Wasser über einer Sparflamme zur Verfügung zu haben, die Anwendung heißen Wassers „umgeht", bzw. auf Vorhalt des Assistenten, „rasch kochendes Wasser machen" will.

Die analytischen Gruppen.

Der Trennungsgang in einer qualitativen Analyse beruht darauf, daß man der Reihe nach eine Anzahl von „Gruppenreagenzien" auf die gelöste Analysenprobe einwirken läßt. Diese Gruppenreagenzien sind so gewählt, daß sie mit einer Anzahl von Metallionen praktisch unlösliche Niederschläge bilden. Die Metalle, deren Ionen durch ein bestimmtes Gruppenreagens als praktisch unlösliche Verbindungen ausgefällt werden, faßt man zu „analytischen Gruppen" zusammen. Solcher Gruppen kennt man im ganzen sechs, nämlich:

Gruppe I   Ag, Pb, Hg (einwertig).
HCl

Gruppe II   As, Sn, Sb. (Pb,)Hg (zweiwertig,) Bi, Cu, Cd.
H_2S

Gruppe III Co, Ni, Fe, Cr, Mn, Zn.
$(NH_4)_2S$
Gruppe IV Ba, Ca, Sr.
$(NH_4)_2CO_3$
Gruppe V Mg.
$Ba(OH)_2$
Gruppe VI K, Na, Li, NH_4.

Die Gruppen werden nach den zugehörigen Gruppenreagenzien benannt. Es fallen die Metalle der Gruppe

    I (Salzsäuregruppe) als Chloride,
   II (Schwefelwasserstoffgruppe) als Sulfide,
 III (Schwefelammoniumgruppe) als Sulfide bzw. Hydroxyde,
 IV (Ammoniumkarbonatgruppe) als Karbonate,
  V (Bariumhydroxydgruppe, oft noch als IVa zur Ammoniumkarbonatgruppe gerechnet) als Hydroxyd,
 VI (Alkaligruppe) bleiben ungefällt.

Es ist zu beachten, daß im Analysengang (mit Ausnahme des Bariumhydroxyds) jedes Gruppenreagens ein Gemisch von Niederschlägen verschiedener Chloride, Sulfide usw. ausfällen kann. Dieses Gemisch muß nun in jeder Gruppe nach besonderen „Trennungsgängen" in seine Einzelbestandteile zerlegt werden. Die Gruppenreagenzien und Trennungsgänge sind durch viele Generationen erprobt. Bei Fehlschlägen versuche man keine grundsätzlichen Abänderungen, denn der angehende Chemiker kann an diesem ehrwürdigen Bau keine nützlichen Anbauten oder wesentlich abkürzende Treppen anbringen. Wohl aber übe man einen bestimmten Trennungsgang durch blinde Versuche so lange ein, bis man sich sicher fühlt.

So festgefügt der Gang der Analyse hinsichtlich der Trennung der Metalle (Kationen) ist, so locker ist er hinsichtlich der Säure- (Anionen-) trennung. Für diesen bei weitem schwierigeren Teil der Analyse läßt sich keine in allen Fällen Sicherheit gewährleistende Anleitung geben, sondern hier hilft — neben groben Richtlinien — am ersten gute Kenntnis der in Frage kommenden Reaktionen und „chemisches Gefühl" weiter — also eben das, was durch die Ausbildung in der qualitativen Analyse entwickelt werden soll. Deshalb stellt man die Bearbeitung der Säuren ziemlich ans Ende und nimmt zu Anfang nur vier leicht nachzuweisende und zu trennende Säuren in den Untersuchungsplan auf, nämlich Chlorwasserstoffsäure, Schwefelsäure, Salpetersäure und Kohlensäure. Daneben kann man noch auf das Hydroxylion — d. h. auf alkalische Reaktion — prüfen.

Reaktionen der „einfachen" Säuren und des Wasserstoff- und Hydroxylions.

HCl, Chlorwasserstoff. *Farbloses, stechend riechendes Gas, in Wasser in hohem Maß löslich zu wässeriger Chlorwasserstoffsäure oder Salzsäure.*

Nachweis des Chlorwasserstoffions Cl′. (*Zur Ausführung der Reaktion nimmt man verdünnte Salzsäure oder eine Lösung von Natriumchlorid, NaCl.*)

Silbernitrat fällt unlösliches, weißes Silberchlorid, AgCl:

$$HCl + AgNO_3 = AgCl + HNO_3$$
$$Cl' + Ag^{\cdot} = AgCl.$$

Sehr empfindliche Reaktion!

Ausführung: Zu 1 ccm der zu prüfenden Lösung 1 Tropfen Silbernitratlösung $(5\,^0/_0)$ geben.

Identitätsnachweis des gebildeten Chlorsilbers: AgCl ist weiß, ballt sich beim Schütteln wie geronnene Milch käsig zusammen, läuft am Licht grauviolett an und ist in Ammoniak löslich (vgl. S. 10). Aus seiner ammoniakalischen Lösung läßt es sich mit Salpetersäure wieder ausfällen.

H₂SO₄, Schwefelsäure. *Farblose, in konzentriertem Zustand ölige Flüssigkeit.*

Nachweis des Schwefelsäureions SO_4''. *Zur Ausführung der Reaktion nimmt man verdünnte Schwefelsäure oder eine Lösung von Natriumsulfat, $Na_2SO_4 . 10 H_2O$.*

Bariumchlorid fällt weißes, in allen Lösungsmitteln unlösliches Bariumsulfat:

$$H_2SO_4 + BaCl_2 = BaSO_4 + 2\,HCl$$
$$SO_4'' + Ba^{\cdot\cdot} = BaSO_4.$$

Sehr empfindliche Reaktion!

Ausführung: Zu 1 ccm der zu prüfenden Lösung 1 Tropfen Bariumchloridlösung (oder Bariumnitratlösung) geben.

Identitätsnachweis des gebildeten Bariumsulfats:

Der Niederschlag muß in allen Lösungsmitteln unlöslich sein.

HNO₃, Salpetersäure. *Wasserhelle, oft schwach gelbliche Flüssigkeit.*

Nachweis des Salpetersäureions NO_3'. *Zur Ausführung der Reaktion nimmt man verdünnte Salpetersäure oder eine Lösung von Kaliumnitrat, KNO_3.*

Der Nachweis beruht auf der Reduktion der Salpetersäure mit Ferrosulfat. Dabei geht die Salpetersäure über in Stickstoffoxyd, NO, während das Ferrosulfat zu Ferrisulfat oxydiert wird. Das Stickstoffoxyd bildet mit überschüssigem (unoxydiertem) Ferrosulfat eine braune Komplexverbindung.

Ausführung: Man löst etwa 1 g fein gepulvertes Ferrosulfat, ohne zu erwärmen, in 5 ccm Wasser. Zu dieser Lösung gibt man einige Tropfen der auf NO_3' zu prüfenden Lösung, mischt gut durch und läßt dann einige ccm konzentrierte Schwefelsäure an der Wand des schräg zu haltenden Reagensglases langsam hinabfließen. Es bildet sich dann zu unterst eine Schicht konzentrierter Schwefelsäure. An deren oberer Grenze entsteht ein violetter bis brauner Ring, falls Salpetersäure anwesend ist. Die Farbe wird um so tiefer braun, je mehr Salpetersäure vorhanden ist.

Anmerkung: Die Probe ist sehr empfindlich, erfordert aber eine gewisse Übung, um sicher zu gelingen. Man betrachte den Ring stets gegen einen weißen Hintergrund und merke sich seine Farbe bei verschiedenen Konzentrationen. Versagen der Probe ist meist auf zu wenig konzentrierte oder zu alte (oxydierte) Ferrosulfatlösung zurückzuführen. Andere Reagenzien (Diphenylamin, Nitron) geben zwar mit Spuren von Salpetersäure ebenfalls Reaktionen, aber sie reagieren auch ebenso empfindlich auf andere Oxydationsmittel. Da die Reaktionen demnach nicht eindeutig beweisend sind, sind sie nicht zu empfehlen.

H_2CO_3, **Kohlensäure.** *Frei nicht beständig, da sie sofort in ihr gasförmiges Anhydrid CO_2 und Wasser zerfällt:*

$$H_2CO_3 = CO_2 + H_2O.$$

In wässeriger Lösung kann man aber geringe Mengen H_2CO_3 annehmen, die zum Teil nach:

$$H_2CO_3 = 2\,H^{\cdot} + CO_3''$$

ionisiert sind.

Nachweis des Kohlensäureions CO_3''. *Zur Ausführung der Reaktion nimmt man eine Lösung von Natriumkarbonat, $Na_2CO_3 . 10\,H_2O$.*

Kohlensäure wird aus ihren Salzen durch verdünnte Mineralsäuren und Essigsäure in Freiheit gesetzt. Bringt man die gelöste oder feste Analysenprobe mit einigen Tropfen verdünnter Salpetersäure in Reaktion, so beobachtet man, falls Karbonate vorhanden, eine Gasentwicklung von CO_2. Da aber auch andere gasförmige Verbindungen durch Mineralsäuren frei gemacht werden können (z. B.

HF, H_2S usw.), so ist es unerläßlich, einen Identitätsnachweis zu führen.

Identitätsnachweis der Kohlensäure. *Leitet man CO_2 auf eine Wasseroberfläche, so bildet sich H_2CO_3. Das CO_3''-Ion bildet mit Kalziumion in Wasser unlösliches, weißes Kalziumkarbonat, $CaCO_3$.*

$$CO_3'' + Ca\ddot{} = CaCO_3.$$

Ausführung: Man stellt sich aus 2 Reagensgläsern, einem passend gebogenen Glasrohr und 2 Korken den Apparat nach Abb. 1 zusammen. Der Kork des Glases *b* wird am Rand angefeilt, damit die eingeleiteten Gase durch die Kerbe wieder austreten können. *b* wird mit 1 ccm Kalkwasser gefüllt, sodann gibt man einige ccm der zu prüfenden Lösung in *a*, setzt etwas verdünnte Salpetersäure zu und treibt durch gelindes Erwärmen die Gase nach *b* hinüber. Das Rohr in *b* endet 2 bis 3 mm über dem Flüssigkeitsspiegel. Eine weiße Trübung von $CaCO_3$ zeigt CO_3'' an:

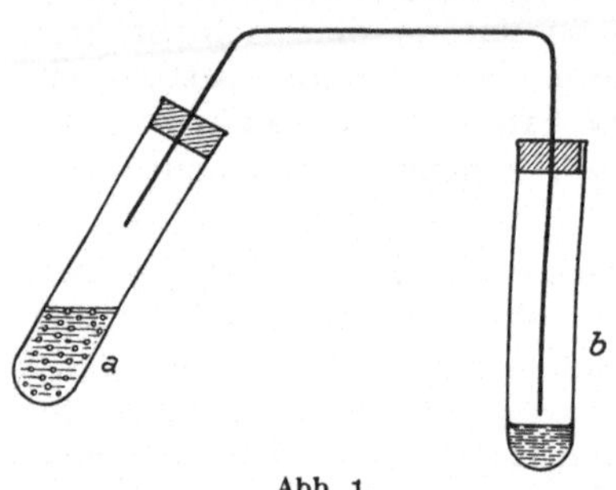

Abb. 1.

$$\underbrace{Ca\ddot{} + 2\,OH'}_{Ca(OH)_2} + \underbrace{2\,H\dot{} + CO_3}_{H_2CO_3} = CaCO_3 + 2\,H_2O$$

Anmerkung: Auch andere Säuren, z. B. schweflige Säure, bilden weiße Kalziumsalze. In Zweifelsfällen muß deshalb der Niederschlag abfiltriert und nachgewiesen werden, daß er 1. auch in heißem Wasser völlig unlöslich ist, und 2. daß bei einer Zersetzung mit verdünnter Salpetersäure ein geruchloses, schweres Gas entsteht, in dem ein glimmender Span erlischt.

$H\dot{}$, das **Wasserstoffion**, das Charakteristikum jeder Säure, wird nachgewiesen durch die Rötung blauen Lackmuspapiers.

OH', das **Hydroxylion**, das Charakteristikum jeder Base, wird nachgewiesen durch Bläuung roten Lackmuspapiers.

Nachweis der bisher bekannten Ionen nebeneinander.

A. Die Analysenprobe ist flüssig.

Man stellt die Reaktion gegen Lackmuspapier fest. Ist sie
a) alkalisch, so ist OH' anwesend. Die Prüfung auf Säuren, außer auf CO_3'', fällt dann weg, wofern es sich tatsächlich um

eine Säureanalyse, also nur um eine Anionenbestimmung handelt. Liegen die Säuren aber als Salze vor, so beweist alkalische Reaktion an sich noch nicht die Abwesenheit von Säuren. Eine Lösung von Kaliumnitrat in verdünnter Natronlauge müßte z. B. den Ionenbefund: OH' und NO_3' ergeben. Falls es sich um Salze handelt, säuert man an (zur Prüfung auf Cl' mit HNO_3, auf NO_3' mit H_2SO_4, auf SO_4'' mit HCl) und verfährt wie unter b.

b) Die Lösung reagiert sauer.

1. 1 ccm der Lösung wird mit einigen Tropfen $BaCl_2$ versetzt. Weißer, in Säuren unlöslicher Niederschlag: $BaSO_4$. $\qquad$ SO_4''

2. Ein anderer Teil der Lösung wird in ähnlicher Weise mit $AgNO_3$ versetzt. Weißer Niederschlag: AgCl. $\qquad$ Cl'

Identitätsnachweis nicht unterlassen! Siehe S. 6.

3. Ein weiterer Teil der Lösung wird nach Angabe auf S. 7 mit $FeSO_4$-Lösung versetzt und mit konzentrierter Schwefelsäure unterschichtet. Brauner Ring. $\qquad$ NO_3'

Anmerkung: Karbonate sind in saurer Lösung nicht beständig. CO_3'' kann also hier nicht vorliegen.

c) Die Lösung reagiert neutral.

Ein Teil der Lösung wird einer Abdampfschale oder auf einem Stückchen Platinblech unter dem Abzug zur Trockene gedampft.

1. Es bleibt weder ein fester Rückstand noch entweichen weiße oder sauer riechende Dämpfe: H_2O.

2. Es bleibt ein Rückstand oder es entweichen Dämpfe: Man teilt die Analysenprobe in 2 Teile, den einen prüft man nach S. 8 auf CO_3'', den andern benutzt man zur Prüfung auf Säuren nach b. $\qquad$ CO_3''

B. Die Analysenprobe ist fest.

Bei diesen einfachsten Analysen bietet die Auswahl eines geeigneten Lösungsmittels noch keine Schwierigkeiten, da die Salze meist so gewählt werden, daß sie glatt in Wasser lösbar sind. Man pulvert also die Substanz, löst etwa 1 bis 2 g in einer möglichst kleinen Menge Wasser und behandelt die Analyse dann genau wie vorher beschrieben. Schon jetzt gewöhne man sich daran, sowohl von festen als flüssigen Proben stets eine ausreichende Menge für unvorhergesehene Fälle zurückzubehalten und mit möglichst geringen Mengen auszukommen. Ein guter Analytiker kann eine „Gesamtanalyse“, d. h. eine Analyse, in der alle eingangs erwähnten Stoffe enthalten sein können, mit 3 g Substanz bequem ausführen.

Über die Auflösung von „Gesamtanalysen“ vgl. S. 89.

Die Gruppe I (Salzsäuregruppe).

(Ag, Pb, Hg^I)

1. Silber, Ag. *Weißes, dehnbares Edelmetall. Vorkommen: Gediegen und in Form verschiedener Sulfide. (Ag$_2$S, Silberglanz. Ferner Silber-Arsensulfid, Ag$_3$AsS$_3$: lichtes Rotgiltigerz, und Silber-antimonsulfid, Ag$_3$SbS$_3$: dunkles Rotgiltigerz.) Silber ist einwertig. Salze meist farblos und, mit Ausnahme des Chlor-, Brom-, Jod- und Zyansilbers, wasserlöslich.*

Zur Ausführung der Reaktionen nimmt man eine Lösung von Silbernitrat, AgNO$_3$.

a) **Chlorwasserstoff** fällt weißes, käsiges Silberchlorid, das in allen Lösungsmitteln außer Ammoniak unlöslich ist. Sehr empfindliche Reaktion! (Siehe S. 6.)

Ammoniak löst AgCl unter Komplexsalzbildung:

$$AgCl + 2\,NH_3 = [Ag(NH_3)_2]Cl.$$

Durch Zusatz von Salpetersäure wird — nach Neutralisation des überschüssigen Ammoniaks — der Komplex zerstört und das Chlorsilber wieder ausgefällt:

$$Ag(NH_3)_2Cl + 2\,HNO_3 = AgCl + 2\,NH_4NO_3.$$

b) **Natronlauge** fällt dunkelbraunes Silberoxyd, Ag$_2$O. (Das eigentlich zu erwartende Hydroxyd zerfällt sofort nach: $2\,AgOH = Ag_2O + H_2O$.)

$$2\,AgNO_3 + 2\,NaOH = Ag_2O + H_2O + 2\,NaNO_3$$
$$2\,Ag\dot{} + 2\,OH' = Ag_2O + H_2O.$$

Ebenso wirkt Ammoniak, da es ebenfalls die zur Reaktion nötigen Hydroxylionen liefern kann.

c) **Schwefelwasserstoff** fällt schwarzes Silbersulfid, Ag$_2$S, das in konzentrierter Salpetersäure löslich ist.

$$2\,AgNO_3 + H_2S = Ag_2S + 2\,HNO_3$$
$$2\,Ag\dot{} + S'' = Ag_2S.$$

d) Wie Chlorwasserstoff wirken auch die übrigen **Halogenwasserstoffe** und der **Zyanwasserstoff**. Sie bilden alle käsige Niederschläge, die, mit Ausnahme des weißen Silberfluorides, in Wasser unlöslich sind. Silberbromid ist gelblich, Silberjodid deutlich gelb. Silberbromid ist in verdünntem Ammoniak kaum, Silberjodid gar nicht mehr löslich. Dagegen lösen sich beide unter Komplexsalzbildung in Kaliumzyanid und Natriumthiosulfat. (Photographische Fixierbäder.) Z. B.:

$$AgJ + 2\,KCN = [Ag(CN_2)]K + KJ$$
$$AgJ + 2\,CN' = [Ag(CN)_2]' + J'$$

oder

$$2\,AgBr + 2\,Na_2S_2O_3 = [Ag_2(S_2O_3)_2]Na_2 + 2\,NaBr$$
$$2\,AgBr + 2\,S_2O_3'' = [Ag_2(S_2O_3)_2]'' + 2\,Br'.$$

e) **Kaliumzyanid** fällt weißes, im Überschuß des Fällungsmittels lösliches Silberzyanid:

$$AgNO_3 + KCN = AgCN + KNO_3$$
$$Ag^{\cdot} + CN' = AgCN$$
$$AgCN + KCN = [Ag(CN)_2]K$$
$$AgCN + CN' = [Ag(CN)_2]'.$$

f) **Unedle Metalle**, z. B. **Zink**, reduzieren Silberverbin·dungen zu metallischem Silber.

Man durchfeuchte Chlorsilber mit verdünnter Schwefelsäure und stelle eine Zinkstange in den Brei. Nach einiger Zeit ist alles zu Silber (es sieht infolge seiner feinen Verteilung schwarz aus) reduziert. Die Schwefelsäure hat nur den Zweck, den Vorgang etwas zu beschleunigen. Er würde auch bei mit Wasser angefeuchtetem Chlorsilber ebenso verlaufen, denn:

$$2\,AgCl + Zn = 2\,Ag + ZnCl_2$$
$$2\,AgCl + Zn = 2\,Ag + Zn^{\cdot\cdot} + 2\,Cl'.$$

2. Blei, Pb. *Glänzendes, schweres Metall, überzieht sich an der Luft bald mit einer grauen Oxydhaut. Vorkommen: als Sulfid (PbS, Bleiglanz) und Karbonat (PbCO₃, Weißbleierz).*

Blei ist zwei- und vierwertig. Pb··, das Plumboion. Salze meist weiß. Nitrat leicht, Chlorid schwer, Sulfat kaum in Wasser löslich.

Pb····, das Plumbiion. Salze sehr unbeständig. Einzig beständige Verbindung des vierwertigen Bleis: das braune Bleidioxyd, PbO₂.

Zur Ausführung der Reaktionen nimmt man eine Lösung von Bleinitrat, Pb(NO₃)₂.

a) **Chlorwasserstoff** fällt weißes Bleichlorid, $PbCl_2$, das in heißem Wasser erheblich löslich ist (bei 100° wird 1 Teil $PbCl_2$ von 20 Teilen Wasser gelöst, bei 20° von 140 Teilen). Aus seiner Lösung kristallisiert das Bleichlorid in charakteristischen, wie Seide glänzenden, langen Nadeln.

$$Pb(NO_3)_2 + 2\,HCl = PbCl_2 + 2\,HNO_3$$
$$Pb^{\cdot\cdot} + 2\,Cl' = PbCl_2.$$

$PbCl_2$ ist in konzentrierter Chlorwasserstoffsäure und konzentrierten Alkalichloridlösungen unter Komplexsalzbildung löslich!

b) **Schwefelwasserstoff** fällt schwarzes Bleisulfid, PbS.

$$Pb(NO_3)_2 + H_2S = \;!PbS + 2\,HNO_3$$
$$Pb^{··} + S'' = PbS.$$

PbS ist in Wasser so gut wie unlöslich. Daher kommt es, daß man im Filtrat einer mit Salzsäure ausgefällten Bleisalzlösung mit H_2S immer noch einen Sulfidniederschlag erhält. Hat man also in einer Analyse Blei, so fällt die Hauptmenge in der Salzsäuregruppe aus, während der kleine Teil $PbCl_2$, der im Filtrat gelöst bleibt, später als Sulfid in der Schwefelwasserstoffgruppe auftaucht.

c) **Natronlauge** fällt, ebenso wie Ammoniak, weißes, durchscheinendes Bleihydroxyd, $Pb(OH)_2$.

$$Pb(NO_3)_2 + 2\,NaOH = Pb(OH)_2 + 2\,NaNO_3$$
$$Pb^{··} + 2\,OH' = Pb(OH)_2.$$

Gegenüber so starken Basen, wie Natron- oder Kalilauge, verhält sich $Pb(OH)_2$ als Säure, indem es nicht, wie normal, in Plumbo- und Hydroxylionen, sondern in Wasserstoff- und Plumbitionen (Restionen der Bleisäure) dissoziiert, gemäß:

$$Pb\diagdown{\substack{O\,H \\ O\,H}} = PbO_2'' + 2\,H^{·}.$$

Mit Natronlauge entsteht so das bleisaure Natrium oder Natriumplumbit, PbO_2Na_2, und Wasser. (Salzbildung infolge „amphoteren" Verhaltens.) Aus diesem Grund löst sich Bleihydroxyd in überschüssiger Natron- und Kalilauge wieder auf, nicht aber in Ammoniak, dessen Basizität infolge wesentlich geringereren Dissoziationsgrades zu gering ist.

d) **Jodkalium** fällt gelbes Bleijodid, PbJ_2, in heißem Wasser farblos (!) löslich und aus seiner Lösung in prachtvoll gelb irisierenden Blättchen auskristallisierend.

$$Pb(NO_3)_2 + 2\,KJ = PbJ_2 + 2\,KNO_3$$
$$Pb^{··} + 2\,J' = PbJ_2.$$

Die Farblosigkeit der Lösung des gelben Bleijodids rührt wohl daher, daß in der heißen Lösung weitgehende Dissoziation in die ungefärbten Ionen $Pb^{··}$ und J' stattfindet.

e) **Schwefelsäure** fällt weißes Bleisulfat, $PbSO_4$, in Wasser so gut wie unlöslich; leicht löslich dagegen in mit Ammoniak übersättigter Weinsäure oder essigsaurem Ammonium. Durch diese Reaktion läßt sich das Bleisulfat von Bariumsulfat (vgl. S. 6) unterscheiden.

$$Pb(NO_3)_2 + H_2SO_4 = PbSO_4 + 2\,HNO_3$$
$$Pb\cdot\cdot + SO_4{}'' = PbSO_4.$$

Wie $PbCl_2$ bildet auch $PbSO_4$ mit konz. HCl (und konz. H_2SO_4) lösliche Komplexsalze.

f) **Kaliumchromat** fällt gelbes Bleichromat, $PbCrO_4$. Es ist in Salpetersäure löslich, unlöslich dagegen in Essigsäure.

$$PbNO_3 + K_2CrO_4 = PbCrO_4 + 2\,KNO_3$$
$$Pb\cdot\cdot + CrO_4{}'' = PbCrO_4.$$

3. (Einwertiges) Quecksilber, Hg. *Silberglänzendes, schweres Edelmetall. Flüssig. Vorkommen: als Sulfid (HgS, Zinnober) und gediegen. Quecksilber bildet einwertige Merkuro- (Hg·) und zweiwertige Merkuriionen (Hg··). In die analytische I. Gruppe gehören nur die Merkuroverbindungen (Quecksilber (1) verbindungen). Merkurosalze sind meist weiß und mit Ausnahme der Merkurohalogenide wasserlöslich.*

Zur Ausführung der Reaktionen nimmt man Quecksilber (1) nitrat, $HgNO_3$, fest und gelöst.

Vorproben auf Quecksilber.

α) Merkurosalze sublimieren, wenn man sie im Glühröhrchen erhitzt.

Ausführung: eine halberbsengroße Menge Quecksilber(1)nitrat wird im Glühröhrchen, das in einen Halter gespannt ist, vorsichtig in der Bunsenflamme erhitzt. Es entweichen erst Kristallwasser und braune Stickoxyde, dann bildet sich ein graues Sublimat von Quecksilber an den kälteren Teilen des Röhrchens.

Eine zweite Probe Quecksilber(1)nitrat, mit etwas kalzinierter Soda verrieben und ebenso behandelt, gibt einen grauen Spiegel metallischem Hg. Mit der Lupe lassen sich die einzelnen von Tröpfchen erkennen.

β) Aus allen Quecksilbersalzlösungen läßt sich mit Kupferblech Quecksilber ausfällen:

$$2\,HgNO_3 + Cu = 2\,Hg + Cu(NO_3)_2$$
$$2\,Hg\cdot + Cu = 2\,Hg + Cu\cdot\cdot.$$

Ausführung: ein 1 cm langes Stückchen Kupferdraht wird einige Minuten in Quecksilber(1)nitratlösung gelegt. Das infolge Amalgamierung grau gewordene Drahtstück wird im Glühröhrchen stark erhitzt, worauf das Quecksilber abdestilliert und sich als Metallspiegel in den kälteren Teilen des Rohrs kondensiert. (Rohr zerschneiden und mit der Lupe betrachten.)

Reaktionen des Hg·-Ions.

a) **Salzsäure** fällt weißes Quecksilber(1)chlorid, Hg_2Cl_2, in Wasser praktisch unlöslich, in kochendem Königswasser löslich.

$$2\,HgNO_3 + 2\,HCl = Hg_2Cl_2 + 2\,HNO_3$$
$$2\,Hg^{·} + \quad 2\,Cl' = Hg_2Cl_2.$$

Hg_2Cl_2 färbt sich beim Übergießen mit Ammoniak schwarz — daher sein Name **Kalomel** ($\varkappa\alpha\lambda\grave{o}\varsigma\ \mu\acute{\varepsilon}\lambda\alpha\varsigma =$ Schönschwarz).

b) **Schwefelwasserstoff** fällt schwarzes Quecksilber(2)sulfid, HgS:

$$2\,HgNO_3 + H_2S = HgS + Hg + 2\,HNO_3$$
$$2\,Hg^{·} + S'' \quad = HgS + Hg.$$

Das Merkurisulfid fällt gemischt mit fein verteiltem (schwarzem) Hg.

c) **Natronlauge** fällt schwarzes, säurelösliches Quecksilber(1) oxyd, Hg_2O:

$$2\,HgNO_3 + 2\,NaOH = Hg_2O + 2\,NaNO_3 + H_2O$$
$$2\,Hg^{·} + 2\,OH' \quad = Hg_2O + H_2O.$$

d) **Ammoniak** gibt einen grauen bis schwarzen Niederschlag, der aus einem Gemisch einer Quecksilberammoniakverbindung und metallischem Quecksilber besteht:

$$4\,HgNO_3 + 4\,NH_4OH =$$
$$= O\!\!\begin{array}{c} \diagup HgNH_2 \\ \diagdown HgNO_3 \end{array}\!\! + 2\,Hg + 3\,NH_4NO_3 + 3\,H_2O.$$

e) **Jodkalium** fällt grünes Quecksilber(1)jodid. Mit überschüssigem KJ tritt Komplexsalzbildung und Abscheidung von Quecksilber ein.

$$HgNO_3 + KJ = HgJ + KNO_3$$
$$Hg^{·} + J' = HgJ.$$
$$2\,HgJ + 2\,KJ = K_2[HgJ_4] + Hg$$
$$2\,HgJ + 2\,J' = [HgJ_4]'' + Hg.$$

NESSLERS Reagens zum Nachweis von Ammoniak ist eine Mischung von $K_2[HgJ_4]$ und Kalilauge.

f) **Salzsaure Zinnchlorürlösung** reduziert zu grauem metallischem Hg.

$$HgNO_3 + SnCl_2 + HCl = HgCl + SnCl_2 + HNO_3$$
$$2\,HgCl + SnCl_2 = SnCl_4 + 2\,Hg$$
$$2\,Hg^{·} + Sn^{··} = 2\,Hg + Sn^{····}.$$

Trennung des Salzsäuregruppen-Niederschlags.

Der Niederschlag kann enthalten: $AgCl$, $PbCl_2$ und $HgCl$.

Die Trennung beruht auf der verschiedenen Löslichkeit der drei Chloride. Zuerst wird mit heißem Wasser $PbCl_2$ entfernt, sodann der Rückstand mit Ammoniak ausgezogen. Färbt er sich dabei schwarz, so deutet dies auf Hg'. Ag' wird im ammoniakalischen Filtrat durch Ansäuern mit HNO_3 als $AgCl$ nachgewiesen.

Die gelöste Analysenprobe (über das Aufsuchen des besten Lösungsmittels vgl. S. 89) wird tropfenweise mit verdünnter Salzsäure versetzt, bis keine Fällung mehr eintritt.

Der Gesamtniederschlag wird abfiltriert, sorgfältig mit kaltem Wasser ausgewaschen und in eine Porzellanschale abgeklatscht, indem man den Niederschlag gut am Schalenboden andrückt, die Rückseite des Filters mit einem Stück Filtrierpapier abtrocknet und dann das Filter vom Niederschlag abzieht.

Der Niederschlag wird mit 50 bis 100 ccm Wasser etwa 5 Minuten unter häufigem Umrühren mit einem Glasstab aufgekocht, worauf man, ohne abkühlen zu lassen, filtriert.

Im Filtrat: $PbCl_2$, das beim Erkalten auskristallisiert.   Pb¨
Identitätsprobe mit einer der Reaktionen S. 12.

Der Rückstand wird wieder abgeklatscht und unter dem Abzug mit 20 ccm verdünntem Ammoniak gelinde erwärmt, wobei man tüchtig umrührt. Nach etwa einer Minute filtriert man ab.

Im Filtrat: $Ag[NH_3]_2Cl$. Man versetzt vorsichtig mit verdünnter Salpetersäure. Es fällt, nach Neutralisation des überschüssigen Ammoniaks, weißes $AgCl$ aus.   Ag˙

Identitätsproben: Anlaufenlassen am Tageslicht. Reduktion zu Ag mit Zn, Lösen des Metalls in konzentrierter HNO_3, Wiederausfällen des $AgCl$ mit verdünnter HCl.   Hg˙

Falls sich beim Übergießen mit Ammoniak der Niederschlag schwarz gefärbt hatte, ist Hg_2Cl_2 anwesend.

Anmerkung: Falls alle drei Metalle in annähernd gleichen Mengen vorliegen, geht der beschriebene Trennungsgang glatt. Liegt aber z. B. wenig Silber neben viel Quecksilber vor, so kann Ag˙ übersehen werden. In diesem Fall empfiehlt sich folgender Weg: Man behandelt den Silber-Quecksilberniederschlag nach Entfernung des Bleichlorids in einem Erlenmeyerkölbchen bei gewöhnlicher Temperatur mit etwas Bromwasser und kocht, nachdem man einige Minuten digeriert hat, das überschüssige Brom weg (Abzug). Man hat nun ein Gemisch von Silberchlorid und (gelöstem) Quecksilber(2)-bromid $HgBr_2$. Nun filtriert man, wäscht gut mit Wasser aus und weist im Rückstand das Silber, im Filtrat das Quecksilber nach.

(Silber wird durch Auflösen des Rückstands in Ammoniak. und Ausfällen von Chlorsilber mit Salpetersäure [S. 10], Quecksilber mit Zinnchlorür nachgewiesen [S. 14 unter f].)

Nachweis der Säuren (Anionen).

Falls die Analysenprobe löslich war, scheidet natürlich die Anwesenheit von Salzsäure aus. Wollte man auf die übrigen Säuren in der Lösung ·der Analysensubstanz prüfen, so hätte man zu gewärtigen, daß z. B. bei der Prüfung auf SO_4'' Silberchlorid ausfiele, weil das $Ag^.$ ja sofort mit dem Cl' reagieren würde, das mit dem Bariumchlorid hinzukäme. Ebenso würde man natürlich bei der Prüfung auf NO_3' durch Zugabe der $FeSO_4$-Lösung Bleisulfat ausfällen. Um diese und ähnliche Störungen zu vermeiden, müssen die Säuren an andere, nicht ausfällbare Basen, nämlich die Alkalimetalle, gebunden und demnach als Alkalisalze zur Untersuchung gebracht werden. Dieses Ziel wird erreicht durch den sogenannten Sodaauszug. (Siehe S. 91.)

Anmerkung: Das überschüssige Natriumkarbonat des Sodaauszugs muß durch Säure zersetzt werden. Natürlich muß man jeweils mit der Säure ansäuern, auf die man nicht prüfen will. Zur Prüfung auf Cl' nimmt man also HNO_3, zur Prüfung auf SO_4'' HCl, zur Prüfung auf NO_3' H_2SO_4. Wichtig: stets mit Lackmuspapier prüfen, ob die Lösung wirklich sauer ist, da andernfalls grobe Fehler unvermeidlich sind! Beim Ansäuren zunächst t r o p f e n - w e i s e konzentrierte Säure zugeben, da sonst — zumal in engen Reagensgläsern — die Lösung infolge der starken CO_2-Entwicklung überschäumt.

Zur Prüfung auf CO_3'' kann der Sodaauszug selbstverständlich n i c h t verwandt werden. Hierzu nimmt man stets die ursprüngliche Analysenprobe.

Die Gruppe II. (Schwefelwasserstoffgruppe.)

As, Sb, Sn; Hg, [Pb], Bi, Cu, Cd. (Au, Pt, Mo.)

1. Arsen, As. *Sprödes, schwarzes Element. Vorkommen: in Form verschiedener Sulfide (As_2S_2 Realgar; As_2S_3 Auripigment), ferner als Arsenkies (FeSAs), Speiskobalt ($CoAs_2$) und Glanzkobalt (CoSAs).*

Arsen kann in seinen Verbindungen drei- und fünfwertig auftreten und sowohl Kationen als Anionen bilden, also sich sowohl als Metall wie als Säure verhalten. Man kennt die Kationen:

As···, As·····, und die Anionen AsO_3''' (Restion der arsenigen Säure),
AsO_2' (Restion der metarsenigen Säure), AsO_4''' (Restion der
Arsensäure), As_2O_7'''' (Restion der Pyroarsensäure) und AsO_3.
(Restion der Metarsensäure). Die Ionen des Arsens sind farblos,
Salze des Arsens und seiner Säuren mit ungefärbten Ionen sind
weiß.

Vorproben auf Arsen. *Zur Ausführung der Reaktionen*
nimmt man festes und gelöstes Arsentrioxyd, As_2O_3.

α) Arsenverbindungen färben die Bunsenflamme fahlblau.
Über die Ausführung von Flammenfärbungen vgl. S. 67.

β) Mit dem Lötrohr auf Kohle erhitzt geben Arsenverbindungen beim Verbrennen einen charakteristischen Geruch nach
Knoblauch.

γ) Man mischt eine geringe Menge einer Arsenverbindung
mit der gleichen Menge Natriumazetat und erhitzt etwa 0,1 g
dieser Mischung im Glührohr. Es bildet sich eine organische
Arsenverbindung (Kakodyl, $(CH_3)_4As_2$), kenntlich an ihrem
fürchterlichen Geruch. Diese „Kakodylprobe" ist äußerst empfindlich! Kakodyl ist, wie alle Arsenverbindungen, sehr giftig.

δ) Naszierender Wasserstoff reduziert Arsenverbindungen zu
Arsenwasserstoff, AsH_3. Hierauf beruht die MARSHsche Arsenprobe.
In einem Reagensglas, das mit durchbohrtem Stopfen und zu einer
Spitze ausgezogenem Glasrohr versehen ist, entwickelt man aus
reinstem Zink und reinster verdünnter Schwefelsäure Wasserstoff. Ist die — nötigenfalls durch Zugabe eines Tropfens verdünnter $CuSO_4$-Lösung zu beschleunigende — Gasentwicklung
im Gang, so gibt man 1 ccm der auf As zu prüfenden Lösung
zu, setzt das Gasableitungsrohr auf, umwickelt das Reagensglas
mit einem Tuch und zündet das entweichende Gas — nach
völliger Luftverdrängung — an. Ist der Wasserstoff arsen-
wasserstoffhaltig, so brennt er mit fahlblauer Flamme. Läßt
man die Flamme gegen einen Porzellanscherben brennen, so
bilden sich braune bis schwarze Flecken von metallischem Arsen,
da der Arsenwasserstoff in der Hitze der Flamme zerfällt nach:

$$2\,AsH_3 = 2\,As + 3\,H_2.$$

Anmerkung: Die Bedeutung der MARSHschen Probe für die
qualitative Analyse wird erfahrungsgemäß stark überschätzt. Für
Laboratoriumszwecke ist die Reaktion nämlich zu empfindlich.
Außerdem verhält sich auch Antimon ganz entsprechend, und die
Unterscheidung eines As-Spiegels von einem Antimonspiegel (durch
die Unlöslichkeit des letzteren in alkalischem Wasserstoffsuperoxyd)
ist nicht immer leicht. Das Hauptanwendungsgebiet dieser ungemein

empfindlichen Reaktion ist die gerichtliche Analyse. Sollte man sich ihrer im Laboratorium in Ausnahmefällen bedienen, so versäume man nicht, sich durch einen blinden Versuch von der As-Freiheit des Zinks und der Schwefelsäure zu überzeugen. Falls die Flamme zu unruhig brennt, schiebe man ein Flöckchen Glaswolle unter den Korken.

Reaktionen auf As$\cdots$ nnd AsO$_3'''$. *Man nimmt eine Lösung von Arsentrioxyd oder Natriumarsenit (Arsentrioxyd, gelöst in verdünnter Natronlauge).*

a) **Schwefelwasserstoff,** fällt aus salzsaurer Lösung gelbes Arsen(3)sulfid, As_2S_3.

$$2\,Na_3AsO_3 + 3\,H_2S + 6\,HCl = As_2S_3 + 6\,NaCl + 6\,H_2O$$
$$2\,AsO_3''' + 3\,S'' + 12\,H^\cdot = As_2S_3 + 6\,H_2O.$$

Man sorge für ziemlich starken Salzsäuregehalt (mindestens doppelt normal in bezug auf HCl) und leite den Schwefelwasserstoff in die heiße Lösung, da As_2S_3 sehr dazu neigt, kolloid auszufallen. Arsen fällt als Sulfid ziemlich langsam aus. In der praktischen Analyse leite man deshalb genügend lange Schwefelwasserstoff ein. (Über das kunstgerechte Einleiten von Schwefelwasserstoff vgl. S. 29.)

Arsen(3)sulfid löst sich nicht in konzentrierter HCl, wohl aber in Schwefelammonium, den Schwefelalkalien und Ammonkarbonat unter Bildung von Sulfosalzen, z. B.:

$$As_2S_3 + 3\,(NH_4)_2S = 2\,(NH_4)_3AsS_3$$
$$As_2S_3 + 3\,S'' = 2\,AsS_3'''.$$

Nimmt man statt farblosen Ammoniumsulfids gelbes Ammoniumpolysulfid, so entsteht statt des Ammoniumsulfarsenits, $(NH_4)_3AsS_3$, das Ammoniumsulfarseniat, $(NH_4)_3AsS_4$:

$$As_2S_3 + 3\,(NH_4)_2S + 2\,S = 2\,(NH_4)_3AsS_4$$
$$As_2S_3 + 3\,S'' + 2\,S = 2\,AsS_4'''.$$

Mit Ammonkarbonat bildet sich Sulfarsenit neben Ammoniumarsenit und CO_2:

$$As_2S_3 + 3\,(NH_4)_2CO_3 = (NH_4)_2AsS_3 + (NH_4)_3AsO_3 + 3\,CO_2$$
$$As_2S_3 + 3\,CO_3'' = AsS_3''' + AsO_3''' + 3\,CO_2.$$

Mit heißer konz. Salpetersäure wird As_2S_3 zu Arsensäure und Schwefelsäure oxydiert. Raucht man As_2S_3 (unter dem Abzug!) mit einigen Tropfen konz. HNO_3 in der Porzellanschale ab, so hinterbleibt ein kristallinischer Rückstand von As_2O_5.

$$As_2S_3 + 20\,O = As_2O_5 + 5\,SO_3.$$

b) **Silbernitrat** fällt gelbes, in Salpetersäure und Ammoniak lösliches Silberarsenit.

$$Na_3AsO_3 + 3\,AgNO_3 = Ag_3AsO_3 + 3\,NaNO_3$$
$$AsO_3''' + 3\,Ag^\cdot = Ag_3AsO_3.$$

Mit Ammoniak tritt Komplexsalzbildung ein:

$$Ag_3AsO_3 + 6\,NH_3 = [Ag(NH_3)_2]_3AsO_3.$$

c) **Salzsaure Zinnchlorürlösung** reduziert $As^{\cdots}$ zu As (vgl. bei $Hg^{\cdots}$). Hierauf beruht die sehr empfindliche BETTENDORFsche Arsenprobe: Man erwärmt etwa $^1/_2$ ccm der zu prüfenden Lösung mit etwa 5 ccm einer Auflösung von $SnCl_2$ in konz. HCl. Infolge Abscheidung elementaren Arsens färbt sich das Gemisch dunkelbraun bis schwarz.

$$2\,AsCl_3 + 3\,SnCl_2 = 3\,SnCl_4 + 2\,As$$
$$2\,As^{\cdots} + 3\,Sn^{\cdots} = 3\,Sn^{\cdots\cdot} + 2\,As.$$

(Das Arsen(3)chlorid entsteht durch doppelte Umsetzung aus Arsenit und Salzsäure.)

d) **Jodlösung** wird von Arsenitlösungen zu farblosem Jodwasserstoff reduziert, während sich das Arsenit zu Arseniat oxydiert. Andererseits oxydiert aber Arseniat sehr leicht Jodwasserstoff zu Jod, wobei es selbst natürlich wieder zu Arsenit reduziert wird. Tropft man also Jodlösung (Jod in Alkohol) in Arsenitlösung, so hört die Entfärbung nach kurzer Zeit auf, weil ein Gleichgewichtszustand erreicht ist, indem die Reaktionen im einen und entgegengesetzten Sinn gleich schnell verlaufen:

$$Na_3AsO_3 + J_2 + H_2O \rightleftarrows Na_3AsO_4 + 2\,HJ.$$

Um zu erreichen, daß die Reaktion nur im Sinn des oberen Pfeils verläuft, muß man den entstehenden Jodwasserstoff unschädlich machen, indem man ihn an Alkali bindet. Da Natronlauge an sich Jod schon entfärbt, nimmt man Natriumbikarbonat, $NaHCO_3$. Hierdurch werden die Wasserstoffionen des Jodwasserstoffs zu Wasser gebunden und dadurch aus dem System entfernt:

Ohne Bikarbonat:

$$Na_3AsO_3 + J_2 + H_2O \rightleftarrows Na_3AsO_4 + 2\,HJ$$
$$AsO_3''' + J_2 + H_2O \rightleftarrows AsO_4''' + 2\,H^\cdot + 2\,J'.$$

Mit Bikarbonat:

$$Na_3AsO_3 + J_2 + 2\,NaHCO_3 = Na_3AsO_4 + 2\,NaJ + H_2O + CO_2$$
$$AsO_3''' + J_2 + 2\,HCO_3' = AsO_4'' + 2\,J' + H_2O + CO_2.$$

farblos

Reaktionen auf As''''' und AsO$_4$'''.

Man nimmt zur Ausführung der Reaktionen die Lösung eines Alkaliarseniats, z. B. K$_3$AsO$_4$.

Schwefelwasserstoff fällt in salzsaurer Lösung gelbes Arsen(5)sulfid, As$_2$S$_5$. In schwach salzsaurer Lösung wird der eingeleitete Schwefelwasserstoff zu S und H$_2$O oxydiert, während die Arsensäure in arsenige Säure übergeht. Bei weiterem Einleiten von H$_2$S fällt dann As$_2$S$_3$. Man erhält also ein Gemisch von Arsen(3)sulfid und Schwefel.

In schwach salzsaurer Lösung:

$$2\,H_3AsO_4 + 2\,H_2S = 2\,H_3AsO_3 + 2\,S + 2\,H_2O$$
$$2\,H_3AsO_3 + 3\,H_2S = As_2S_3 \quad\quad + 6\,H_2O$$

Gesamtreaktion: (gleiche Mengen gleicher Stoffe rechts und links gestrichen).

$$2\,H_3AsO_4 + 5\,H_2S = As_2S_3 \quad\quad + 2\,S + 8\,H_2O$$
$$2\,AsO_4''' + 10\,H^{\cdot} + 5\,S'' = As_2S_3 + 2\,S + 8\,H_2O.$$

In stark salzsaurer Lösung:

$$2\,H_3AsO_4 + 5\,H_2S = As_2S_5 + 8\,H_2O$$
$$2\,AsO_4''' + 16\,H^{\cdot} + 5\,S'' = As_2S_5 + 8\,H_2O.$$

Ebenso wie Arsen(3)sulfid löst sich auch Arsen(5)sulfid in Schwefelammonium, den Schwefelalkalien und Ammoniumkarbonat zu Sulfoarseniaten, z. B.:

$$As_2S_5 + 3\,(NH_4)_2S = 2\,(NH_4)_3AsS_4$$
$$As_2S_5 + 3\,S'' \quad\quad = 2\,AsS_4'''.$$
$$As_2S_5 + 3\,(NH_4)_2CO_3 = (NH_4)_3AsS_4 + (NH_4)_3AsSO_3 + 3\,CO_2$$
$$As_2S_5 + 3\,CO_3'' \quad\quad = AsS_4''' \quad\quad + AsSO_3''' \quad\quad + 3\,CO_2.$$

Wie die Sulfarsenite werden auch die Sulfarseniate durch Säuren unter Rückbildung des Arsen(5)sulfids zersetzt.

As$_2$S$_5$ wird von konz. Salpetersäure (und alkalischem Wasserstoffsuperoxyd) zu Arsensäure (und Schwefelsäure) oxydiert. (Vgl. bei Arsen(3)sulfid.)

b) Silbernitrat fällt dunkelbraunes Silberarseniat, Ag$_3$AsO$_4$.

$$Na_3AsO_4 + 3\,AgNO_3 = Ag_3AsO_4 + 3\,NaNO_3$$
$$AsO_4''' + 3\,Ag^{\cdot} \quad\quad = Ag_3AsO_4.$$

Ag$_3$AsO$_4$ löst sich in Salpetersäure und Ammoniak.

c) Magnesiumchlorid in ammoniakalischer Lösung fällt weißes, kristallinisches Ammoniummagnesiumarseniat. Sehr empfindliche Reaktion, die aber besonders sorgfältig angestellt werden muß, um eindeutig zu sein.

$$H_3AsO_4 + MgCl_2 + 3NH_3 = MgNH_4AsO_4 + 2NH_4Cl$$
$$AsO_4''' + Mg'' + NH_4^{\bullet} = MgNH_4AsO_4.$$

Man versetzt zunächst Magnesiumchloridlösung mit Ammoniumchloridlösung (ziemlich reichlich) und gibt dann Ammoniak bis zur deutlich alkalischen Reaktion zu. Diese Lösung, in der bei Zugabe des Ammoniaks kein Niederschlag entstehen darf (vgl. Anm. S. 82), heißt „Magnesiamixtur". Zu etwa 5 ccm Magnesiamixtur gibt man 1 bis 2 Tropfen der zu prüfenden Lösung. Falls ein Niederschlag entsteht (oft erscheint er erst nach einiger Zeit und wird infolge seiner Durchsichtigkeit übersehen), nimmt man einige Tropfen der aufgeschüttelten Lösung auf ein Uhrglas und untersucht mit dem Mikroskop, ob der Niederschlag kristallinisch ist. Ohne Anwendung des Mikroskops ist die Probe unvollkommen!

d) **Salzsaure Zinnchlorürlösung** (BETTENDORFsche Probe) wie bei As'''. Siehe S. 19.

2. Zinn, Sn. *Silberweißes, glänzendes, hämmerbares Metall. Bildet drei Modifikationen. (Rhombisches Zinn [bei Temperaturen über 160° beständig], tetragonales [zwischen 18° und 160°]) und graues Zinn [unter 18°].*

Vorkommen: als Zinnstein, SnO_2. — Zwei- und vierwertig. Ionenarten: Sn'' und Sn''''. Die beständigere Form ist die vierwertige. (Reduktionswirkung der Zinn(2)verbindungen.) Die beiden Hydroxyde des Zinns sind amphoter.

Vorprobe auf Zinn.

Wenn man die Außenseite eines mit kaltem Wasser gefüllten Reagensglases mit der zu untersuchenden Lösung benetzt und das Ganze in eine Bunsenflamme hält, entsteht bei Anwesenheit von Zinnverbindungen eine auffallende, fahlblaue Flammenfärbung. Empfindliche Probe! Durch Anwendung einer Wasserstoffflamme wird die Probe noch empfindlicher. Weder Cu noch Ba oder As verdecken die Flammenfärbung.

Reaktionen auf Sn''.

Zur Ausführung der Reaktionen nimmt man eine Lösung von Zinn(2)chlorid, $SnCl_2$, in verd. HCl.

a) **Schwefelwasserstoff** fällt braunes Zinn(2)sulfid, SnS.

$$SnCl_2 + 2H_2S = SnS + 2HCl$$
$$Sn'' + S'' = SnS.$$

Zinn(2)sulfid wird nicht von farblosem Ammonsulfid, $(NH_4)_2S$, wohl aber von polysulfidhaltigem gelbem Ammonsulfid, $(NH_4)_2S_x$, zu Sulfostannat gelöst. (Sulfostannite sind unbekannt.)

$$SnS + (NH_4)_2S_2 = (NH_4)_2SnS_3$$
$$SnS + S'' + S = SnS_3''.$$

b) **Natronlauge** fällt weißes Zinn(2)hydroxyd, $Sn(OH)_2$.

$$SnCl_2 + 2\,NaOH = Sn(OH)_2 + 2\,NaCl$$
$$Sn\ddot{} + 2\,OH' = Sn(OH)_2.$$

Zinn(2)hydroxyd ist amphoter, nimmt also gegenüber starken Basen sauren Charakter an. Es löst sich demnach in überschüssiger Natronlauge wieder auf, unter Bildung von Natriumstannit:

$$Sn(OH)_2 + 2\,NaOH = Na_2SnO_2 + 2\,H_2O$$
$$Sn(OH)_2 + 2\,OH' = SnO_2'' + 2\,H_2O.$$

Mit Säuren findet natürlich Lösung unter normaler Salzbildung statt.

c) **Zink** reduziert Zinn(2)salze in salzsaurer Lösung zu Metall, das sich als grauer Schwamm abscheidet, während die äquivalente Menge Zink als $ZnCl_2$ in Lösung geht:

$$SnCl_2 + Zn = Sn + ZnCl_2$$
$$Sn\ddot{} + Zn = Sn + Zn\dot{}.$$

d) **Quecksilber(2)chlorid** wird von Zinn(2)salzen zuerst zu Quecksilber(1)chlorid, dann zu metallischem Hg reduziert. Sehr empfindliche Probe.

Man gibt zu etwas Quecksilber(1)chloridlösung 2 bis 3 Tropfen der zu prüfenden Lösung. Es entsteht bei Anwesenheit von $Sn\ddot{}$ ein weißer Niederschlag, der bald grau und, besonders bei gelindem Erwärmen, grauschwarz wird.

Reaktionen auf $Sn\cdots$.

Zur Ausführung der Reaktionen nimmt man eine Lösung von Ammoniumchlorostannat, $(NH_4)_2[SnCl_6]$, in Wasser, oder Zinn(4)chlorid $SnCl_4$ in verd. HCl.

a) **Schwefelwasserstoff** fällt gelbes Zinn(4)sulfid, SnS_2, löslich in starker Salzsäure.

$$SnCl_4 + 2\,H_2S \rightleftarrows SnS_2 + 4\,HCl.$$

Zinn(4)sulfid wird von farblosem und gelbem Schwefel-ammonium zu Ammoniumsulfostannat gelöst:

$$SnS_2 + (NH_4)_2S = (NH_4)_2SnS_3$$
$$SnS_2 + S' \qquad = SnS_3''.$$

Versetzt man die Sulfostannatlösung mit verdünnter Salzsäure, so fällt Zinn(4)sulfid wieder aus.

b) Natronlauge fällt amphotores Zinn(4)hydroxyd, $Sn(OH)_4$, das im Überschuß des Fällungsmittels zu Natriumstannat löslich ist.

$$SnCl_4 + 4\,NaOH = Sn(OH)_4 + 4\,NaCl$$
$$Sn^{\cdots\cdot} + 4\,OH' \quad = Sn(OH)_4$$
$$Sn(OH)_4 + 2\,NaOH = Na_2SnO_3 + 3\,H_2O$$
$$Sn(OH)_4 + 2\,OH' \quad = SnO_3'' \quad + 3\,H_2O.$$

c) Zink fällt metallisches Zinn. (Vgl. bei Zinn(2)verbindungen S. 22.)

Anmerkung: Durch Behandeln von metallischem Zinn mit konz. Salpetersäure entsteht eine polymere Metazinnsäure, $(H_2SnO_3)_x$, bezw. hydratisches Zinnoxyd. Diese Verbindung bildet ein weißes Pulver, das in allen Säuren so gut wie unlöslich ist. Frisch dargestellte, vermutlich noch nicht stark polymerisierte, Metazinnsäure ist in verdünnten Säuren schwach löslich und bildet mit konz. Salzsäure ein wasserlösliches Chlorid, das aber im weiteren Gang der Analyse sehr unbequem zu handhaben ist. Deshalb wird die Polymetazinnsäure analytisch, ebenso wie das Zinndioxyd, SnO_2 (Zinnstein), als unlöslicher Rückstand behandelt und durch einen Aufschluß der Untersuchung zugänglich gemacht. Näheres siehe S. 80, g 3.

3. Antimon, Sb. *Bläulichweißes, metallglänzendes, sprödes Element. Drei- und fünfwertig.*

Vorkommen: als Sulfid Sb_2S_3 (Grauspießglanz). In Säuren nicht löslich. Konz. HNO_3 verwandelt es in ein Gemisch von Tri- und Pentoxyd. Beide Oxyde sind Anhydride sehr schwacher Säuren. Auch Salze, wie $SbCl_3$ und $SbCl_5$, werden sehr leicht durch Hydrolyse gespalten und in basische Salze übergeführt.

Antimon bildet die Ionen: $Sb^{\cdots}$, $Sb^{\cdots\cdot\cdot}$ und, wie Arsen, die Säureionen SbO_2'' (metantimonige Säure) SbO_4''', SbO_3' und Sb_2O_7'''' (Ortho-, Meta- und Pyroantimonsäure, mit fünfwertigem Sb). Basische Salze des dreiwertigen Antimons enthalten das RadikalSbO (Antimonyl), das das komplexe Ion $SbO^{\cdot}$ liefert.

Vorproben auf Antimon.

α) Flüchtige Antimonverbindungen geben eine bläuliche, fahle Flammenfärbung.

β) Antimonsalze werden durch Wasser hydrolysiert unter Abscheidung weißer basischer Salze, z. B.:

$$SbCl_3 + H_2O = SbOCl + 2\,HCl.$$

γ) Die Probe von MARSH liefert einen Metallspiegel, der, zum Unterschied vom Arsenspiegel, in einer Mischung von NaOH und H_2O_2 nicht löslich ist. Vgl. aber über die Probe das bei Arsen auf S. 17 Gesagte.

Reaktionen auf Sb¨¨.

Zur Ausführung der Reaktionen nimmt man Antimon (3) chlorid, SbCl₃, in salzsaurer Lösung.

a) **Schwefelwasserstoff** fällt gelbrotes Antimon(3)sulfid, Sb_2S_3:

$$2\,SbCl_3 + 3\,H_2S = Sb_2S_3 + 6\,HCl$$
$$2\,Sb^{\cdots} + 3\,S'' = Sb_2S_3.$$

Antimon(3)sulfid löst sich in konzentrierter Salzsäure zu Chlorid, in Schwefelalkalien zu Sulfosalzen.

Antimon(3)sulfid löst sich in Ammoniumpolysulfid zu Ammoniumsulfantimoniat; aus dieser Lösung wird durch Säuren Antimon(5)sulfid ausgefällt:

$$Sb_2S_3 + 3\,(NH_4)_2S + 2\,S = 2\,(NH_4)_3SbS_4$$
$$Sb_2S_3 + 3\,S'' + 2\,S = 2\,SbS_4'''$$
$$2\,(NH_4)_3SbS_4 + 6\,HCl = Sb_2S_5 + 3\,H_2S + 6\,NH_4Cl$$
$$2\,SbS_4''' + 6\,H^{\bullet} = 2\,Sb^{\cdots\cdots} + 3\,S''$$

b) **Wasser** fällt aus Antimonsalzlösungen zunächst weiße, basische Salze, bei weiterem Zusatz Antimon(3)oxyd. Die Niederschläge sind in starken Säuren und Weinsäure löslich.

$$SbCl_3 + H_2O = SbOCl + 2\,HCl$$
$$2\,SbOCl + H_2O = Sb_2O_3 + 2\,HCl.$$

c) **Zink** fällt aus salzsauren Antimonsalzlösungen elementares Antimon als schwarzes Pulver aus.

$$2\,SbCl_3 + 3\,Zn = 2\,Sb + 3\,ZnCl_2$$
$$2\,Sb^{\cdots} + 3\,Zn = 2\,Sb + 3\,Zn^{\cdot\cdot}.$$

Reaktionen auf Sb¨¨¨¨¨ bzw. SbO_4'''', SbO_3' und Sb_2O_7''''.

Zur Ausführung der Reaktionen nimmt man eine Lösung von Kaliumpyroantimoniat, $K_2H_2Sb_2O_7$.

a) **Schwefelwasserstoff** fällt in salzsaurer Lösung orange-rotes Antimon(5)sulfid, Sb_2S_5, löslich in konz. Salzsäure.

$$K_2H_2Sb_2O_7 + 5\,H_2S + 2\,HCl = Sb_2S_5 + 2\,KCl + 7\,H_2O$$
$$Sb_2O_7'''' + 5\,S'' + 14\,H^{\cdot} = Sb_2S_5 + 7\,H_2O.$$

Sb_2S_5 löst sich in Schwefelammonium zu Ammoniumsulf-antimoniat:

$$Sb_2S_5 + 3\,(NH_4)_2S = 2\,(NH_4)_3SbS_4$$
$$Sb_2S_5 + 3\,S'' = 2\,SbS_4'''.$$

Zusatz von Säure setzt aus dieser Lösung wieder Antimon(5)-sulfid in Freiheit:

$$2\,(NH_4)_3SbS_4 + 6\,HCl = Sb_2S_5 + 3\,H_2S + 6\,NH_4Cl$$
$$2\,SbS_4''' + 6\,H^{\cdot} = Sb_2S_5 + 3\,S''.$$

b) **Zink** fällt aus salzsaurer Lösung elementares Antimon.

$$K_2H_2Sb_2O_7 + 5\,Zn + 12\,HCl = 2\,Sb + 5\,ZnCl_2 + 2\,KCl + 7\,H_2O$$
$$H_2Sb_2O_7'' + 5\,Zn + 12\,H^{\cdot} = 2\,Sb + 5\,Zn^{\cdot\cdot} + 7\,H_2O.$$

4. Zweiwertiges Quecksilber, $Hg^{\cdot\cdot}$.

Reaktionen auf $Hg^{\cdot\cdot}$. (Reaktionen auf $Hg^{\cdot}$ siehe S. 14.)

Zur Ausführung der Reaktionen nimmt man eine Lösung von Quecksilber(2)nitrat, $Hg(NO_3)_2$.

a) **Schwefelwasserstoff** fällt schwarzes Quecksilber(2)sulfid, HgS.

$$Hg(NO_3)_2 + H_2S = HgS + 2\,HNO_3$$
$$Hg^{\cdot\cdot} + S'' = HgS.$$

Quecksilber(2)sulfid ist bei Luftzutritt in Königswasser löslich:

$$HgS + 2\,HCl + 4\,O = HgCl_2 + H_2SO_4.$$

Anmerkung: Bisweilen fällt Hg mit H_2S erst weiß aus. Die Farbe des Sulfidniederschlags geht dann über Braun in Schwarz über. In diesen Fällen bilden sich zunächst chlorhaltige Sulfide (z. B. $Hg_3S_2Cl_2$), die dann mit weiterem H_2S in HgS über-gehen.

b) **Natronlauge** fällt gelbes Quecksilber(2)oxyd, das in Säuren löslich ist:

$$Hg(NO_3)_2 + 2\,NaOH = HgO + H_2O + 2\,NaCl$$
$$Hg^{\cdot\cdot} + 2\,OH' = HgO + H_2O.$$

c) **Ammoniak** fällt weißes, säurelösliches Oxy-Amidoqueck-silbernitrat, $O\!\!<\!\!{}^{HgNH_2}_{HgNO_3}$.

$$2\,Hg(NO_3)_2 + 4\,NH_4OH = OHg_2NO_3NH_2 + 3\,NH_4NO_3 + 3\,H_2O.$$

$HgCl_2$ gibt entsprechend Amidoquecksilberchlorid, $HgClNH_2$.

d) **Jodkalium** fällt rotes Quecksilber(2)jodid:

$$Hg(NO_3)_2 + 2\,KJ = HgJ_2 + 2\,KNO_3$$
$$Hg^{..} + 2\,J' = HgJ_2.$$

Quecksilber(2)jodid ist in überschüssigem KJ zu $K_2[HgJ_4]$ löslich.

e) **Zinnchlorür** reduziert in salzsaurer Lösung zu Queck-silber(1)chlorid:

$$Hg(NO_3)_2 + 2\,HCl = HgCl_2 + 2\,HNO_3$$
$$2\,HgCl_2 + SnCl_2 = 2\,HgCl + SnCl_4$$
$$2\,Hg^{..} + 2\,Sn^{..} = 2\,Hg^{.} + Sn^{....}.$$

Durch überschüssiges $SnCl_2$ wird Quecksilber(1)chlorid zu grauschwarzem, metallischem Quecksilber reduziert (S. 14).

5. Blei, Pb. Die Reaktionen dieses Metalls sind bei der Salzsäuregruppe zu finden (S. 11).

6. Kupfer, Cu. *Rotes Metall. Vorkommen: gediegen (Nord-amerika), sowie als Kupferkies ($CuFeS_2$) und Kupferglanz (Cu_2S). Ferner sind Rotkupfererz (Cu_2O) und die basischen Karbonate Malachit und Kupferlasur wichtige Kupfererze.*

Kupfer bildet die Ionen $Cu^{.}$ und $Cu^{..}$. Die Salze der Kupfer(1)-reihe sind, mit Ausnahme der Kupfer(1)halogenide, wenig be-ständig. Das Kupfer(1)ion ist weiß, das Kupfer(2)ion blau.

Vorproben auf Cu.

In der Hitze flüchtige Kupferverbindungen färben die Bunsenflamme grün bis blau.

Reaktionen auf $Cu^{..}$.

Zur Ausführung der Reaktionen nimmt man eine Lösung von Kupfer(2)sulfat, $CuSO_4 \cdot 5\,H_2O$.

a) **Schwefelwasserstoff** fällt schwarzes, in konzentrierten Säuren lösliches Kupfer(2)sulfid, CuS.

$$CuSO_4 + H_2S = CuS + H_2SO_4$$
$$Cu^{..} + S'' = CuSO_4.$$

Anmerkung: Kupfer(2)sulfid ist in gelbem Schwefelammonium nicht völlig unlöslich, kann also unter Umständen in merkbaren Mengen als Komplexsalz $NH_4(CuS_4)$ in Lösung gehen und im weiteren Gang der Analyse zu Täuschungen führen.

b) **Natronlauge** fällt blaues, voluminöses Kupfer(2)hydroxyd, $Cu(OH)_2$:

$$CuSO_4 + 2\,NaOH = Cu(OH)_2 + Na_2SO_4$$
$$Cu\cdot\cdot + 2\,OH' = Cu(OH)_2.$$

Kupfer(2)hydroxyd ist im Überschuß des Fällungsmittels unlöslich, löslich dagegen in Säuren. Beim Kochen in einer Aufschwemmung mit Natronlauge oder Wasser spaltet es Wasser ab und geht in schwarzes Oxyd über:

$$Cu(OH)_2 = CuO + H_2O.$$

c) **Ammoniak** fällt zunächst blaugrüne basische Salze, die sich im Überschuß des Fällungsmittels mit prachtvoll tiefblauer Farbe zu dem Komplexion $[Cu(NH_3)_4]\cdot\cdot$ lösen. Sehr empfindliche Reaktion!

d) **Ferrozyankalium** fällt braunes, in verdünnten Säuren unlösliches Ferrozyankupfer:

$$2\,CuSO_4 + K_4[Fe(CN)_6] = Cu_2[Fe(CN)_6] + 2\,K_2SO_4$$
$$2\,Cu\cdot\cdot + [Fe(CN_6)]'''' = Cu_2[Fe(CN)_6].$$

Sehr empfindliche Reaktion!

7. Wismut, Bi. *Rötlichweißes, sprödes Metall. Vorkommen: gediegen und als Trisulfid, Bi_2S_3 (Wismutglanz).*

Wismut bildet die Ionen $Bi\cdots$ und $Bi\cdots\cdot\cdot$. Die Salze des dreiwertigen Wismuts werden durch Wasser leicht in basische Salze verwandelt, in denen mitunter das Radikal „Bismutyl", $BiO\cdot$, enthalten ist. (Vgl. bei Antimon, S. 23.) $Bi\cdots$ ist farblos.

Das fünfwertige Wismut spielt nur in gewissen organischen Wismutverbindungen eine Rolle. Von anorganischen ist nur das Pentoxyd (Bi_2O_5) bekannt.

Reaktionen auf $Bi\cdots$.

Zur Ausführung der Reaktionen nimmt man eine Lösung von Wismutnitrat, $Bi(NO_3)_3$.

a) **Schwefelwasserstoff** fällt dunkelbraunes, in konzentrierten Säuren lösliches Wismutsulfid, Bi_2S_3.

$$2\,Bi(NO_3)_3 + 3\,H_2S = Bi_2S_3 + 6\,H_2O$$
$$2\,Bi\cdots + 3\,S'' = Bi_2S_3.$$

b) **Natronlauge**, ebenso **Ammoniak**, fällt ein weißes Gemisch von Hydroxyd, $Bi(OH)_3$ und basischem Wismutsalz. Bei längerem Stehen, namentlich in der Wärme, ebenso bei Zusatz von Oxydationsmitteln wie Chlorwasser oder Wasserstoffsuperoxyd, färbt sich der Niederschlag gelb unter Bildung von Wismutsäure, $HBiO_3$:

$$Bi(OH)_3 + O = HBiO_3 + H_2O.$$

c) **Wasser** fällt weiße, säurelösliche basische Salze, die, entgegen dem Verhalten der basischen Antimonsalze, in Weinsäure nicht löslich sind.

d) **Natriumstannitlösung** reduziert Wismutsalzlösungen zu feinpulverigem, schwarzem Wismutmetall.

$$2 Bi(NO_3)_3 + 3 Na_2SnO_2 + 3 H_2O = 2 Bi + 3 Na_2SnO_3 + 6 HNO_3$$
$$2 Bi^{\cdots} + 3 SnO_2'' + 3 H_2O = 2 Bi + 3 SnO_3'' + 6 H^{\cdot}.$$

Ausführung der Probe: Man versetzt Zinn(2)chloridlösung so lange mit Natronlauge, bis sich der zunächst entstehende Hydroxydniederschlag wieder gelöst hat. Einige Tropfen dieser Stannitlösung gibt man zu der zu prüfenden Lösung.

Anmerkung: Die Stannitlösung ist nicht unempfindlich gegen Kochen oder längeres Stehen. Es scheidet sich dann mitunter schwarzes, feinpulveriges Zinn ab:

$$2 Na_2SnO_2 + H_2O = Na_2SnO_3 + Sn + 2 NaOH,$$

das bei unsorgfältigem Arbeiten Wismut vortäuschen kann.

8. Kadmium, Cd. *Metallischer Begleiter des Zinks, diesem in seinem Äußeren ähnlich.*

Kadmium bildet das Ion $Cd^{\cdot\cdot}$. Die Kadmiumsalze sind meist farblos und werden nicht hydrolytisch gespalten.

Reaktionen auf $Cd^{\cdot\cdot}$.

Zur Ausführung der Reaktionen nimmt man eine Lösung von Kadmiumsulfat, $3 CdSO_4 . 8 H_2O$.

a) **Schwefelwasserstoff** fällt hellgelbes, in konzentrierten Säuren lösliches Kadmiumsulfid, CdS:

$$CdSO_4 + H_2S = CdS + H_2SO_4$$
$$Cd^{\cdot\cdot} + S'' = CdS.$$

Anmerkung: Aus stark sauren, mit H_2S gesättigten Lösungen fällt das Sulfid erst nach dem Verdünnen mit Wasser aus.

b) **Natronlauge** fällt weißes Kadmiumhydroxyd, $Cd(OH)_2$. Ebenso wirkt Ammoniak.

$$CdSO_4 + 2 NaOH = Cd(OH)_2 + Na_2SO_4$$
$$Cd^{\cdot\cdot} + 2 OH' = Cd(OH)_2.$$

Kadmiumhydroxyd ist in Natronlauge nicht, wohl aber in Ammoniak löslich unter Bildung des Komplexes $[Cd(NH_3)_6]^{\cdot\cdot}$.

c) **Kaliumzyanid** fällt weißes Kadmiumzyanid, das im Überschuß des Fällungsmittels löslich ist:

$$CdSO_4 + 2\,KCN = Cd(CN)_2 + K_2SO_4$$
$$Cd^{\cdot\cdot} + 2\,CN' = Cd(CN)_2$$
$$Cd(CN_2) + 2\,KCN = K_2[Cd(CN)_4]$$
$$Cd(CN)_2 + 2\,CN' = [Cd(CN)_4]''.$$

Anmerkung: Der Komplex $[Cd(CN)_4]''$ ist in sehr geringem Maß in die Ionen Cd'' und $4\,CN'$ gespalten. Diese geringe Spaltung reicht hin, um mit Schwefelwasserstoff CdS zu bilden. Man kann also aus der komplexen Zyanidlösung das Kadmium als Sulfid fällen. Hierauf beruht die Trennung des Kadmiums vom Kupfer im Gang der qualitativen Analyse. Auch Kupfer(1)zyanid wird von Kaliumzyanid zu dem (dreiwertigen!) Komplex $[Cu(CN)_4]'''$ gelöst:

$$CuCN + 3\,KCN = K_3[Cu(CN)_4].$$

Die Dissoziation dieses Komplexes reicht aber zur Fällung von CuS nicht aus.

Trennungsgang der Schwefelwasserstoffgruppe.

Der Trennungsgang der Schwefelwasserstoffgruppe beruht auf der Tatsache, daß die Sulfide des Arsens, Zinns und Antimons mit Ammoniumsulfid bzw. Ammoniumpolysulfid als Sulfosäuren in Lösung gebracht und aus dieser Lösung durch Ansäuern wieder ausgefällt werden können. Durch Behandlung des Gesamt-Sulfidniederschlags mit Ammoniumsulfid können also die drei genannten Elemente abgetrennt und für sich als „ammoniumsulfidlöslicher Teil" der Schwefelwasserstoffgruppe behandelt werden.

Das Ausfällen mit Schwefelwasserstoff geschieht dadurch, daß man das Gas unter Druck in die Lösung einleitet. Durchjagen des Schwefelwasserstoffs durch offene Gefäße ist verschwenderisch, unsauber und belästigend. Deshalb stehen mit Recht Laboratoriumsstrafen auf diese Unsitte. Zur kunstgerechten Schwefelwasserstoffällung hält man sich einen Erlenmeyerkolben mit doppelt durchbohrtem Gummistopfen. Die eine Bohrung trägt das rechtwinklig gebogene, bis zum Boden des Kolbens reichende Gaseinleitungsrohr, die andere ein kurzes, grades Glasrohr, das einerseits kurz unter dem Stopfen endigt, andererseits mit einem in ein Stückchen Gummischlauch eingesetzten Glasstäbchen luftdicht verschlossen ist. Zum Einleiten schließt man die Vorrichtung an die Zapfstelle mit Gummischlauch an, läßt, durch Abnehmen des Verschlußstäbchens, Gas durch die Lösung streichen, bis die Luft verdrängt ist (Geruchprobe!) und schließt dann wieder luftdicht ab. Man schüttelt nun so lange, als noch Gas von der Lösung verschluckt wird, lüftet dann einen Augenblick, schüttelt wieder und setzt das fort, bis durch die Waschflasche keine Gasblasen mehr durchgehen. Die Fällung ist dann beendet. Die Erreichung dieses Zeitpunkts dauert gewöhnlich kaum 15 Minuten.

Wichtig: Falls man die Analysenprobe nur in Salpetersäure oder Königswasser lösen kann, muß man vor dem Einleiten von Schwefelwasserstoff die Säure verdampfen (Abzug!), bis die Masse gerade eben trocken geworden ist. Man nimmt dann mit verdünnter Salzsäure auf und verdünnt noch mit Wasser; falls Wismut anwesend ist, trübt sich die Lösung infolge des Ausfallens basischer Wismutsalze. Ein geringer derartiger Niederschlag schadet nichts. Der Grund für das Verjagen von Salpetersäure ist der, daß Schwefelwasserstoff von Salpetersäure unter Schwefelabscheidung oxydiert wird:

$$3\,H_2S + 2\,HNO_3 = 3\,S + 2\,NO + 4\,H_2O.$$

In ähnlicher Weise wirken auch andere Oxydationsmittel, wie z. B. Ferri- und Permanganation, das Chromation, die Halogene und viele andere Stoffe. [Sind in einer Analyse viele oxydierende Substanzen, so kann die starke Schwefelabscheidung und der große Schwefelwasserstoffverbrauch bis zu beendeter Reduktion so störend werden, daß man zweckmäßig vor Einleiten des Gases reduziert. Man kann als Reduktionsmittel z. B. Schwefeldioxyd nehmen, das man unter Erwärmen in die mit Ammoniak alkalisch gemachte Lösung einleitet. Da dabei aber Schwefelsäure gebildet wird, muß man sich erst vergewissern, daß keine Elemente vorliegen, deren Sulfate unlöslich sind (Erdalkalien und Blei), sonst wird dieser Teil der Analyse nur durch einen Aufschluß zugänglich. Andere Reduktionsmittel sind Hydrazin, Hydroxylamin und Alkohol. Die Wahl des geeigneten Reduktionsmittels hängt vom Einzelfall ab.] Das fünfwertige Arsenion kann ebenfalls Schwefelwasserstoff oxydieren (S. 20), zumal in schwach sauren Lösungen. Um Arsen völlig auszufüllen, muß man deshalb Schwefelwasserstoff 20 bis 30 Minuten lang in die dreifachnormal salzsaure, heiß gehaltene Lösung langsam (zwei Blasen in der Sekunde) einleiten (beim Erhitzen wird selbstverständlich das Glasstäbchen abgenommen). Dann verdünnt man mit Wasser und leitet zur Ausfällung der übrigen Metalle weiter ein.

In die Lösung der Analysensubstanz leitet man in der angegebenen Weise Schwefelwasserstoff ein, filtriert den Sulfidniederschlag ab und wäscht ihn mit warmem, etwas Schwefelwasserstoff enthaltendem Wasser sorgfältig aus. Dann klatscht man ihn in eine Porzellanschale, behandelt ihn bei etwa 40° unter stetem Umrühren mit gelbem Schwefelammonium und filtriert nach einigen Minuten abermals. Auf dem Filter hat man dann als Niederschlag [a] die Sulfide des Kupfers, Wismuts, Bleis und Kadmiums, im Filtrat [b] die Sulfosäuren des Arsens, Zinns und Antimons.

Man beachte die Anmerkung auf S. 33.

Behandlung des Niederschlags [a].

Der abermals mit warmem, schwefelwasserstoffhaltigem Wasser gewaschene Sulfidniederschlag wird in einer Porzellanschale unter dem Abzug mit mäßig starker Salpetersäure (1 Teil konz. Säure und 2 Teile Wasser) übergossen, worauf man langsam zum Sieden erhitzt. Dann filtriert man heiß. Ein etwaiger Rückstand kann aus Quecksilbersulfid bestehen, das mit Schwefel verunreinigt ist. Da durch die Oxydation des Schwefelwasserstoffs mit Salpetersäure auch merkbare Mengen Schwefelsäure gebildet werden, kann auch etwas Bleisulfat im Rückstand sein. Der Rückstand wird, unter dem Abzug, in Königswasser gelöst und die Lösung bis nahezu zur Trockne eingedampft. Dann löst man in wenigen Tropfen Wasser. Falls Quecksilber vorhanden war, hat man jetzt eine Lösung von Quecksilber(2)nitrat, die mit Zinn(2)chlorid und durch Amalgamierung von Kupferdraht (S. 13), als solche erkannt werden Hg kann.

Das Filtrat kann noch die Ionen Pb¨, Bi¨¨, Cu¨ und Cd¨ enthalten. Man versetzt es mit wenigen ccm konzentrierter Schwefelsäure und dampft, unter dem Abzug, so lange ab, bis weiße Dämpfe von Schwefeltrioxyd auftreten. Nachdem die Lösung kalt geworden ist, verdünnt man vorsichtig mit Wasser auf das doppelte Volumen und filtriert einen etwaigen Niederschlag von weißem Bleisulfat ab. Identifizierung des Bleis: Auflösen des Niederschlags in ammoniakalischer Weinsäure und Ausfällen von gelbem Bleijodid und Darstellung der Jodbleikristalle Pb (S. 12 unter d).

Anmerkung: Wenn man die Verdünnung der Schwefelsäure mit Wasser übertreibt, können basische Wismutsalze mit ausfallen und dadurch dem Nachweis entgehen.

Das Filtrat des Bleisulfatniederschlags wird mit Ammoniak übersättigt. (Eine hierbei auftretende tiefblaue Färbung weist auf Kupfer hin.) Bei Anwesenheit von Bi¨¨ fällt weißes, flockiges, basisches Wismutsulfat aus. Identifizierung des Bi¨¨: Eine Probe des Sulfatniederschlags wird zu alkalischer Stannitlösung (S. 28)

Bi··· gegeben. Es tritt bereits in der Kälte Reduktion zu schwarzem, metallischem Wismut ein.

Anmerkung: Falls sich an dieser Stelle des Analysengangs Störungen zeigen, wie z. B. Auftreten eines weißen Niederschlags, der aber von Stannitlösung nicht reduziert wird, so prüfe man, ob er nicht in Natronlauge löslich ist. Ist dies der Fall, so handelt es sich meist um Zinn, das sich im Ammoniumsulfid nicht völlig gelöst hatte und hier als Hydroxyd vorliegt.

Das Filtrat des Wismutniederschlags kann noch Cu·· und Cd·· enthalten. Tief kornblumenblaue Farbe des ammoniakalischen Filtrats zeigt das komplexe Kupferion $[Cu(NH_3)_4]$·· an. Identifikation des Kupfers: Man säuert mit Essigsäure an und gibt einige Tropfen Kaliumferrozyanidlösung zu. Es fällt dunkel-

Cu·· braunes Kupferferrozyanid aus.

Anmerkung: Kupfer bildet komplexe Karbonate. Infolgedessen kann bei Anwesenheit von Kupfer der Sodaauszug blau gefärbt sein. Wenn man den Sodaauszug mit Säure genau neutralisiert, fällt das Kupfer als basisches Karbonat aus.

Ein weiterer Teil des ammoniakalischen Filtrats wird mit konz. Kaliumzyanidlösung tropfenweise versetzt, bis die Lösung völlig farblos ist. Man erwärmt schwach und fällt mit Schwefel-

Cd·· ammonium gelbes Kadmiumsulfid aus. Identifikation des Kadmiums: Man löst das Sulfid in konz. Salzsäure, verdünnt mit Wasser, teilt die Lösung in 2 Teile und fällt in dem einen Teil Kadmiumhydroxyd mit Natronlauge, im andern mit Ammoniak aus. Das Hydroxyd darf sich nur im Überschuß von Ammoniak wieder lösen.

Anmerkung: Geringe Spuren der Sulfide von Blei, Wismut, Quecksilber oder Kupfer färben das Kadmiumsulfid tiefdunkel. In diesem Fall muß der Niederschlag abfiltriert und die Trennung wiederholt werden, oder man muß mit dem Sulfidniederschlag die Beschlagprobe ausführen. Zu diesem Zweck bringt man in die Spitze einer kleinen, nichtleuchtenden, etwa 2 cm hohen Bunsenflamme auf einem Magnesiastäbchen wenige Milligramme des zu untersuchenden Stoffs. In 1 cm Höhe über der Flamme hält man ein außen glasiertes, halb mit Wasser gefülltes Porzellanschälchen von etwa 10 cm Durchmesser. Das flüchtige Kadmiumoxyd setzt sich als brauner Beschlag an der Außenseite des Schälchens ab. Die Beschlagprobe erfordert eine gewisse Übung, wenn sie mit Sicherheit gelingen soll.

Behandlung des Filtrats [b].

Das von der Behandlung des Gesamt-Sulfidniederschlags mit Schwefelammonium stammende Filtrat kann die Elemente

As, Sb und Sn als Sulfosäuren enthalten. Das Filtrat wird, unter dem Abzug, mit verdünnter Salzsäure angesäuert. Es fallen Schwefel und die Sulfide der drei genannten Elemente aus. Man filtriert ab, spritzt den Niederschlag mit etwas schwefelwasserstoffhaltigem Wasser auf dem Filter zusammen und klatscht ihn in eine Porzellanschale.

Man gibt nun konzentrierte Salzsäure zu und erhitzt, unter dem Abzug, zum Kochen. Nach wenigen Minuten lösen sich Zinn- und Antimonsulfid, während Arsensulfid (und Schwefel) zurückbleibt. Man verdünnt mit etwas Wasser und filtriert ab.

Der schwefelhaltige Arsensulfidniederschlag wird, unter dem Abzug, mit wenigen ccm konzentrierter Salpetersäure zur Trockene gedampft. Dadurch wird $As^{\cdots}$ zu $AsO_4{}'''$ oxydiert. $As^{\cdots(\cdot\cdot)}$ Die gebildete Arsensäure wird in wenigen Tropfen Wasser gelöst. Identifikation des Arsens: Man versetzt die Arsensäurelösung mit Magnesiamixtur (S. 21) und beobachtet die Abscheidung kristallinischen (Mikroskop!) Ammoniummagnesiumarseniats.

In die stark salzsaure, Sn und Sb enthaltende Lösung, legt man ein Stück Stangenzink und läßt, unter dem Abzug, so lange stehen, bis die Wasserstoffentwickelung aufgehört hat. Die beiden Elemente werden metallisch ausgeschieden. Man sammelt die teils an dem Zink haftenden, teils in der Lösung schwimmenden schwarzen Flocken auf einem kleinen Filter, wäscht gut aus, klatscht den Niederschlag in ein kleines Schälchen und übergießt ihn mit wenigen ccm konzentrierter Salzsäure. Dadurch geht Sn als $Sn^{\cdot\cdot}$ in Lösung, während Antimon ungelöst zurückbleibt. Identifikation des Zinns: Mit Queck- $Sn^{\cdot\cdot}$ silber(2)chlorid nach S. 22 unter d. Identifikation des Antimons: Man löst das zurückgebliebene Metall in konz. Salpetersäure und teilt die Lösung in 2 Teile. Den ersten tropft man in viel Wasser, um die Entstehung weißer, basischer Antimonsalze bzw. weißen Antimomoxyds zu beobachten. Den andern Teil dampft $Sb^{\cdots(\cdot\cdot)}$ man nahezu zur Trockene, nimmt mit wenigen ccm Wasser auf und fällt mit Schwefelwasserstoff gelbrotes Antimon(5)-sulfid aus.

Anmerkung: Die Trennung von Arsen, Zinn und Antimon ist nicht leicht und gelingt nur bei sehr sorgfältigem Arbeiten. Wenn man das Gemenge von Zinn und Antimon zu lange mit konzentrierter Salzsäure behandelt oder gar stark erhitzt, statt höchstens etwas anzuwärmen, kann unter Umständen das $Sn^{\cdot\cdot}$ zu $Sn^{\cdots\cdot}$ oxydiert werden, worauf natürlich die Identifizierungsreaktion mit $Hg^{\cdot\cdot}$ versagen muß. — Hat man nur wenig Arsen neben viel Zinn und Antimon, so kann es vorteilhafter sein, das Arsen herauszulösen *und die beiden andern Metalle zurückzubehalten, statt das Zinn und Antimon zu lösen und Arsen in den Rückstand zu bringen. Zu diesem Zweck behandelt man das Gemenge der drei Sulfide statt mit Salzsäure erst mit Ammoniumkarbonat (S. 18) und verfährt dann sinngemäß weiter.*

Phosphorsäure.

Die Phosphorsäure kann im weiteren Gang der Analyse dadurch stören, daß sie mit etwa anwesenden Kalzium-, Barium-, Strontium- oder Magnesiumionen die betreffenden Phosphate bildet. Diese sind zwar in starken Säuren, nicht dagegen in neutralen oder alkalischen Flüssigkeiten löslich. Sobald man also, zwecks Ausfällung der Schwefelammoniumgruppe, mit Ammoniak alkalisch macht, würden diese Erdalkaliphosphate ausfallen, in den Sulfidniederschlag der Schwefelammoniumgruppe geraten, sich dadurch dem Nachweis in der Ammoniumkarbonatgruppe entziehen und den Trennungsgang stören. Man muß deshalb vor Behandlung der Schwefelammoniumgruppe lernen, die Phosphorsäure im Filtrat der Schwefelwasserstoffgruppe zu erkennen und daraus zu entfernen.

Phosphorsäure, H_3PO_4. *Dreibasische, starke Säure. Wasserhelle Flüssigkeit.*

Reaktionen auf PO_4'''.

Zur Ausführung der Reaktionen nimmt man eine Lösung von Natrium-Ammoniumphosphat, $NaNH_4HPO_4$.

a) **Magnesiamixtur (S. 21)** fällt weißes, kristallinisches (Mikroskop!) Ammoniummagnesiumphosphat, NH_4MgPO_4.

Anmerkung: Die Reaktion ist nur bei Abwesenheit von AsO_4'' beweisend.

b) **Ammoniummolybdat** fällt in salpetersaurer Lösung gelbes Ammoniumphosphomolybdat, $(NH_4)_3[PO_4(MoO_3)_{12}]$.

Anmerkung: Sowohl die Herstellung der Molybdatlösung als das Anstellen der Reaktion erfordert besondere Sorgfalt. Zur Herstellung der Molybdatlösung pulvert man 10 bis 15 g Ammoniummolybdatkristalle möglichst fein in einer Porzellanschale und löst in 100 ccm Wasser. Nach völliger Lösung gibt man so viel konz. Salpetersäure zu, bis sich ein zunächst entstehender Niederschlag von Molybdänsäure wieder gelöst hat.

Zur Ausführung der Reaktion gibt man wenige Tropfen der ebenfalls mit Salpetersäure angesäuerten, zu prüfenden Lösung, zu etwa 5 ccm der Molybdatlösung. (Nicht umgekehrt, da großer Über-

*schuß an Molybdat nötig!) Beide Lösungen sollen auf etwa 40°
angewärmt sein. Bei Anwesenheit von PO_4''' tritt zunächst Gelbfärbung, bald darauf Abscheidung des gelben, feinpulverigen Phosphor-
molybdatniederschlags ein. Zusatz von etwas konz. Ammonnitrat-
lösung erhöht die Empfindlichkeit der Reaktion. In überschüssigem
Phosphat ist der Molybdatniederschlag farblos löslich.*

*Arsensäure reagiert mit Ammoniummolybdat wie Phosphorsäure.
Vor Prüfung auf PO_4''' muß daher etwaiges Arsen bzw. AsO_4''' durch
H_2S entfernt sein. Der Niederschlag von Ammoniumarsenmolybdat
entsteht meist erst bei Siedehitze.*

Entfernung der Phosphorsäure.

Man fällt, ohne Rücksicht auf etwaige Anwesenheit von
Phosphorsäure, mit Schwefelammonium (siehe S. 63), löst eine
kleine Probe des erhaltenen Niederschlags in Salpetersäure und
prüft in dieser Lösung auf Phosphorsäure. Falls Phosphorsäure
anwesend ist, löst man den ganzen Niederschlag in konz. Salpetersäure, erhitzt in einer Porzellanschale unter dem Abzug
zum Sieden und wirft einige Schnitzel Stanniolpapier in die
Lösung. Das Zinn wird sofort oxydiert. Da das Gemisch leicht
stößt, muß man gut umrühren. Nachdem man einige Minuten
im Sieden erhalten hat, verdünnt man reichlich mit Wasser
und filtriert. Das trübe Filtrat wird auf Phosphorsäure geprüft
und nötigenfalls die Behandlung mit Stanniolpapier wiederholt.
Wenn es frei von Phosphorsäure ist, läßt man, am besten über
Nacht, in einem Standzylinder absitzen, hebert oder dekantiert
vom Bodensatz ab und fällt dann mit Schwefelammonium.

Oxalsäure. Weinsäure. Essigsäure. Zyanwasserstoff.
Komplexe Zyanide. Rhodanwasserstoff.

*Oxalsäure und Weinsäure können ebenfalls Störungen im
Analysengang hervorrufen. Oxalsäure deshalb, weil die Erdalkalien
in alkalischen Lösungen als Oxalate ausfallen und dadurch in
die Schwefelammoniumgruppe geraten würden; die Weinsäure, weil
sie mit Chrom, Eisen und Aluminium komplexe Salze bilden
kann, die durch Schwefelammonium entweder nur teilweise oder gar
nicht gefällt werden. Eine ähnliche Wirkung wie Weinsäure können
Essigsäure und Zyanverbindungen, außerdem andere für die Analyse
im allgemeinen nicht in Betracht kommende organische Stoffe
(Zitronensäure, Zucker usw.) haben. Sobald also derartige organische Verbindungen in der Analyse neben Metallen der
Schwefelammonium- und Erdalkaligruppe vorkommen, müssen sie
vor Ausfällung der genannten Gruppen entfernt werden.*

Vorprobe auf organische Substanzen.

Unter „organischen" versteht man kohlenstoffhaltige Substanzen. Glüht man sie bei vermindertem Luftzutritt (im Glührohr), so bleibt oft der Kohlenstoff unoxydiert zurück und es tritt Schwarzfärbung durch Kohleabscheidung ein. Die Kohle kann dann mit einer Spur Salpeter völlig verbrannt werden. Oft tritt bei dem Verglühen organischer Stoffe auch ein brenzlicher Geruch nach Karamel auf. Oxal- und Essigsäure geben keine Kohleabscheidung im Glührohr; auch Zyanverbindungen nicht,

Oxalsäure, HOOC—COOH, *weiße Kristalle (mit zwei Molekülen Kristallwasser).*

Reaktionen des Oxalations, C_2O_4''.

(Zur Ausführung der Reaktionen dient eine Lösung von Ammoniumoxalat $(NH_4)_2C_2O_4$.)

a) **Kalziumchlorid** fällt durchscheinend-weißes, in Essigsäure unlösliches, in starken Säuren lösliches Kalziumoxalat, CaC_2O_4.

$$(NH_4)_2C_2O_4 + CaCl_2 = CaC_2O_4 + 2\,NH_4Cl$$
$$C_2O_4'' + Ca^{\cdot\cdot} = CaC_2O_4.$$

Anmerkung: Da auch andere Säuren, z. B. Fluorwasserstoff, mit Kalziumchlorid Fällungen geben, ist es unerläßlich, bei Prüfung des Sodaauszugs im Gang der Analyse folgenden Identitätsbeweis für Anwesenheit von Kalziumoxalat zu führen: Der Kalziumchloridniederschlag des mit Essigsäure angesäuerten Sodaauszugs wird abfiltriert und, nach sorgfältigem Auswaschen, in wenigen ccm verdünnter Schwefelsäure heiß gelöst. Nun setzt man wenige ccm dieser Lösung zu einem halben Reagensglas voll stark verdünnter Kaliumpermanganatlösung. (Die Farbe der Lösung soll etwas stärker als hellrosa sein.) Falls Oxalationen vorhanden sind, wird die Permanganatlösung beim Erwärmen auf etwa 70° entfärbt:

$$2\,KMnO_4 + 3\,H_2SO_4 = K_2SO_4 + 2\,MnSO_4 + 3\,H_2O + 5\,O.$$

Die nach dieser Reaktionsgleichung frei werdenden fünf Atome Sauerstoff können fünf Moleküle Oxalsäure zu Kohlendioxyd und Wasser oxydieren:

$$5\,O + 5\,H_2C_2O_4 = 5\,H_2O + 10\,CO_2.$$

Da das Mangan(2)ion $Mn^{\cdot\cdot}$, im Gegensatz zum Permanganation MnO_4', nahezu farblos ist, tritt bei der Reduktion des Permanganats zu Mangan(2)salz Entfärbung ein.

b) **Silbernitrat** fällt weißes, in Ammoniak und Salpetersäure lösliches Silberoxalat $Ag_2C_2O_4$:

$$(NH_4)_2C_2O_4 + 2\,AgNO_3 = Ag_2C_2O_4 + 2\,NH_4NO_3.$$
$$C_2O_4'' + 2\,Ag = Ag_2C_2O_4.$$

Weinsäure, $H_2C_4H_4O_6$.

Bildet farblose Kristalle. Die Salze der Weinsäure heißen Tartrate.

Vorproben auf Tartrate.

α) Bei trocknem Erhitzen im Glührohr färbt sich die Substanz bei Anwesenheit von Tartraten infolge Kohleabscheidung dunkel, und es entwickelt sich ein Geruch nach verbranntem Zucker (Karamel).

β) Zu dem mit Schwefelsäure angesäuerten Sodaauszug gibt man einen kleinen Kristall von Kupfersulfat, bringt durch Erwärmen in Lösung, gibt etwas festes Natriumhydroxyd zu, kocht auf und filtriert vom entstandenen Niederschlag ab. Ist das Filtrat infolge Gehalts an Kupferkomplexsalzen blau gefärbt, so ist damit das Vorhandensein einer organischen Oxysäure (Weinsäure, Zitronensäure, Äpfelsäure usw.) erwiesen. Man kann die so erhaltene FEHLINGsche Lösung mit einem Tropfen Traubenzucker- oder Formaldehydlösung zu gelbrotem Kupferoxydul reduzieren.

Anmerkung: Die Probe gelingt nicht in allen Fällen, ist also nur bei positivem Ausfall beweisend.

Reaktionen des Tartrat-ions $C_4H_4O_6''$.

Zur Ausführung der Reaktionen nimmt man eine Lösung von Seignettesalz (Kalium-Natriumtartrat, $KNaC_4H_4O_6$).

a) **Kalziumchlorid** fällt weißes Kalziumtartrat, $CaC_4H_4O_6$, das in Essigsäure löslich ist. (Unterschied von Kalziumoxalat.)

$$CaCl_2 + H_2C_4H_4O_6 = CaC_4H_4O_6 + 2\,HCl$$
$$Ca^{\cdot\cdot} + C_4H_4O_6'' = CaC_4H_4O_6.$$

Anmerkung: Anwesenheit von Ammoniumsalzen verzögert das Ausfallen des Niederschlags.

Tartrate entfärben angesäuerte Permanganatlösung bereits in der Kälte, während Oxalate dies erst beim Erwärmen tun.

b) **Silbernitrat** fällt weißes, in Salpetersäure und Ammoniak lösliches Silbertartrat, $Ag_2C_2H_4O_6$;

$$KNaC_4H_4O_6 + 2\,AgNO_3 = Ag_2C_4H_4O_6 + KNO_3 + NaNO_3$$
$$C_2H_4O_6'' + 2\,Ag^{\cdot} = Ag_2C_2H_4O_6.$$

Anmerkung: Die ammoniakalische, möglichst konzentrierte Lösung von Silbertartarat scheidet, wenn man sie in einem Reagensglas in kochendes Wasser bringt, nach etwa $^1/_4$ Stunde metallisches Silber ab. Wenn die Wand des Glases sehr sauber und vor allem frei von Fett ist, bildet sich oft ein Silberspiegel.

Essigsäure, $HC_2H_3O_2$.

In wasserfreiem Zustand etwas dickliche, stehend riechende, farblose Flüssigkeit, die bei niederer Zimmertemperatur (16°) fest wird (Eisessig). Die Salze der Essigsäure heißen Azetate.

Vorprobe auf Azetate.

Erhitzt man Azetate mit einer Spur Arsentrioxyd im Glührohr, so bildet sich eine sehr stark und unangenehm riechende, sehr giftige, gasförmige, organische Arsenverbindung, das Kakodyloxyd: $(CH_3)_2As\!-\!O\!-\!As(CH_3)_2$:

$$4\,CH_3.COONa + As_2O_3$$

$$= 2\,Na_2CO_3 + 2\,CO_2 + \genfrac{}{}{0pt}{}{CH_3}{CH_3}\!\!\Big\rangle As\!-\!O\!-\!As\Big\langle\!\!\genfrac{}{}{0pt}{}{CH_3}{CH_3}.$$

Anmerkung: Die Probe kann mit einer kleinen Messerspitze voll der ursprünglichen Analysensubstanz ausgeführt werden. Andere organische Säuren der Fettsäurereihe geben zwar die Reaktion auch, aber sie kommen im gewöhnlichen Analysengang nicht vor, so daß man die Reaktion als „praktisch" eindeutig betrachten kann.

Reaktionen des Azetations $C_2H_3O_2{}'$.

Zur Ausführung der Reaktionen nimmt man eine Lösung von Natriumazetat $CH_3 \cdot COONa$.

a) Macht man mit konz. Schwefelsäure aus einem Azetat die Essigsäure frei und gibt gleichzeitig ein paar Tropfen Alkohol zu, so wird durch die wasserbindende Wirkung der Schwefelsäure die Bildung von Essigsäure-Äthylester begünstigt, der nach folgender umkehrbaren Reaktion entsteht:

$$CH_3.CO\,OH + H\,OC_2H_5 \rightleftarrows H_2O + CH_3.COOC_2H_5.$$

Essigsäure   Alkohol   Essigester

Der Essigsäure-Äthylester kann an seinem anhaftenden obstartigen Geruch leicht erkannt werden.

Anmerkung: Die praktische Ausführung des Versuchs erfolgt folgendermaßen: Man gibt etwas Analysensubstanz auf ein Uhrglas, durchfeuchtet sie mit wenigen Tropfen Alkohol, setzt so viel konzentrierte Schwefelsäure zu, daß die Masse halbflüssig und gut

*handwarm wird, und überdeckt schnell mit einem zweiten Uhrglas.
Nach etwa einer Minute hat sich genug Essigester angesammelt,
um sicher durch den Geruch wahrgenommen werden zu können.
Im Notfall erwärmt man noch einen Augenblick auf etwa 60°.
Die Esterprobe in einem hohen Reagensglas anzustellen, ist ein
Kunstfehler.*

b) **Silbernitrat** fällt aus Azetatlösungen weißes, kristallinisches Silberazetat, $AgC_2H_3O_2$, das in Wasser mäßig, in Ammoniak und Salpetersäure leicht löslich ist.

$$HC_2H_3O_2 + AgNO_3 = AgC_2H_3O_2 + HNO_3$$
$$C_2H_3O_2' + Ag^{\cdot} = AgC_2H_3O_2.$$

Zyanverbindungen.

*Gewisse Zyanverbindungen neigen zur Bildung von Komplexsalzen mit Metallen der Schwefelammoniumgruppe, wodurch diese
unter Umständen der Fällung durch Schwefelammonium entzogen
werden. Es empfiehlt sich also, vor der Ausfällung der Schwefelammoniumgruppe auch auf Zyanverbindungen zu prüfen und sie
zu entfernen. Der Übersichtlichkeit wegen seien hier die analytisch
wichtigen einfachen und komplexen Zyan- und Thiozyan- (Rhodan-)
verbindungen zusammen besprochen, nämlich: Zyanwasserstoffsäure,
Ferro- und Ferrizyanwasserstoffsäure und Rhodanwasserstoffsäure.*

Vorproben auf Zyanverbindungen.

Einfache Zyanide und leicht zerstörbare komplexe Zyanide
werden von verdünnter Schwefelsäure unter Freiwerden von
Zyanwasserstoff zersetzt. Dieses — äußerst giftige — Gas ist
an seinem Geruch nach bitteren Mandeln leicht zu erkennen.
(Vorsicht!) Man stellt die Probe mit einer ganz kleinen Substanzmenge im Glühröhrchen an. Schwach erwärmen! Augen
schützen!

Schwer zerstörbare komplexe Zyanide werden wie folgt
nachgewiesen: Man schmilzt etwas Analysensubstanz mit dem
gleichen Gewicht Kaliumkarbonat gut durch. Den wässerigen,
filtrierten Auszug der erkalteten Schmelze macht man mit
Natronlauge schwach alkalisch, gibt 2 bis 3 Tropfen Ferrosulfatlösung zu und kocht. Dann säuert man mit Salzsäure an.
Eine Grünfärbung der Lösung auf Zusatz eines Tropfens Eisen(3)-
chloridlösung zeigt Zyanverbindungen an. (Bei größeren Zyanmengen bilden sich nach einiger Zeit blaue Flocken von Berliner Blau in der Lösung.)

Erklärung: Durch das Schmelzen mit Kaliumkarbonat entsteht — falls komplexe Zyanide anwesend sind — z. T. Kaliumzyanid. Dieses setzt sich mit dem zugegebenen Eisen(2)-sulfat zu Eisen(2)zyanid und Kaliumsulfat um. Eisen(2)zyanid bildet mit überschüssigem Kaliumzyanid Kaliumferrozyanid und dieses gibt mit Eisen(3)salz Ferriferrozyanid (Berliner Blau).

1. $\qquad 2\,KCN + FeSO_4 = Fe(CN)_2 + K_2SO_4$
2. $\qquad Fe(CN)_2 + 4\,KCN = K_4[Fe(CN)_6]_3$
3. $\quad 3\,K_4[Fe(CN)_6] + 4\,FeCl_3 = Fe_4[Fe(CN)_6]_3 + 12\,KCl.$

Anmerkung: Die Probe ist empfindlich, erfordert aber Übung und Sorgfalt.

Zyanwasserstoffsäure, HCN.

Wasserhelle, ungeheuer giftige, nach bittern Mandeln riechende, in wasserfreiem Zustand schon bei 26° siedende Flüssigkeit. Auch gasförmiger Zyanwasserstoff ist ebenso giftig. Größte Vorsicht wegen der Flüchtigkeit der Verbindung bei Geruchsproben! Abzug! In den wässerigen Lösungen der Säure und ihrer Salze findet sich das Zyanidion CN'.

Reaktion des Zyanidions CN'.

Zur Ausführung der |Reaktion nimmt man eine Lösung von Kaliumzyanid, KCN.

a) **Silbernitrat** fällt weißes, käsiges Silberzyanid, das sich in überschüssigem Kaliumzyanid, ferner in Ammoniak unter Komplexsalzbildung löst.

1.$\quad$ $KCN + AgNO_3 = AgCN + KNO_3$
2.$\quad$ $AgCN + KCN = K[Ag(CN)_2]$
3.$\quad$ $AgCN + 2\,NH_4OH = [Ag(NH_3)_2]OH + HCN + H_2O$
1a.$\quad$ $CN' + Ag^{\cdot} = AgCN$
2a.$\quad$ $AgCN + CN' = [Ag(CN)_2]'$
3a.$\quad$ $AgCN + 2\,NH_3 = [Ag(NH_3)_2]' + CN'.$

Ferrozyanwasserstoffsäure, $H_4[Fe(CN)_6]$.

Die vierbasische Säure ist frei unbeständig. Analytisch wichtig sind ihre Salze, die Ferrozyanide. Die Ferrozyanide der Alkalien und Erdalkalien sind wasserlöslich; manche Ferrozyanide der Schwermetalle sind stark gefärbt. Ferro- und Ferrizyanwasserstoffsäure und ihre Salze gehören zu den ,,komplexen" Zyaniden. Die in eckiger Klammer stehenden Atome verhalten sich chemisch als einheitliches Ganzes. Ferri-Ferrozyankalium gibt also nur die Reaktionen des Kalium- und Ferrozyanidons. Erst nach Zerstörung des Komplexes erhält man auch die Reaktionen des Eisen- und Zyanidions.

Reaktionen des Ferrozyanidions [Fe(CN)₆]''''.

Zur Ausführung der Reaktionen nimmt man eine Lösung von Ferrozyankalium (gelbem Blutlaugensalz) $K_4[Fe(CN)_6]$.

a) **Eisen(3)chlorid** fällt dunkelblaues Ferriferrozyanid $Fe_4[Fe(CN)_6]_3$ (Berlinerblau):

$$3\,K_4[Fe(CN)_6] + 4\,FeCl_3 = Fe_4[Fe(CN)_6]_3 + 12\,KCl$$
$$3\,[Fe(CN)_6]'''' + 4\,Fe^{\cdots} = Fe_4[Fe(CN_6)]_3.$$

Sehr empfindliche Reaktion; vgl. die Vorprobe S. 39.

b) **Kupfer(2)sulfat** fällt braunes Kupferferrozyanid, $Cu_2[Fe(CN_6)]$:

$$K_4[Fe(CN)_6] + 2\,CuSO_4 = Cu_2[Fe(CN)_6] + 2\,K_2SO_4$$
$$[Fe(CN)_6]'''' + 2\,Cu^{\cdots} = Cu_2[Fe(CN)_6].$$

c) **Silbernitrat** fällt weißes, in verdünnter Salpetersäure und Ammoniak unlösliches, dagegen in Kaliumzyanid lösliches Silberferrozyanid $Ag_4[Fe(CN)_6]$:

$$K_4[Fe(CN)_6] + 4\,AgNO_3 = Ag_4[Fe(CN)_6] + 4\,KNO_3$$
$$[Fe(CN)_6]'''' + 4\,Ag^{\cdot} = Ag_4[Fe(CN)_6].$$

Ferrizyanwasserstoffsäure H₃[Fe(CN)₆].

Die dreibasische Säure ist frei wenig beständig. Die Löslichkeit ihrer Salze, der Ferrizyanide, entspricht der der Ferrozyanide.

Reaktionen des Ferrizyanidions [Fe(CN)₆]'''.

Zur Ausführung der Reaktionen nimmt man eine Lösung von Ferrizyankalium (rotem Blutlaugensalz), $K_3[Fe(CN_6)]$.

a) **Eisen(2)sulfat** fällt tiefblaues Ferroferrizyankalium $Fe_3[Fe(CN)_6]_2$. (Turnbulls Blau)

$$2\,Fe_3[Fe(CN_6)] + 3\,FeSO_4 = Fe_3[Fe(CN)_6]_2 + 3\,K_2SO_4$$
$$2\,[Fe(CN)_6]''' + 3\,Fe_3^{\cdots} = Fe_3[Fe(CN)_6]_2.$$

Anmerkung: Die Reaktionen mit Berliner- und Turnbullsblau sind sehr empfindlich. Man merke sich, daß Ferrisalze das Reagens auf Ferrozyanide, Ferrosalze das Reagens auf Ferrizyanide sind. (Mit Ferrizyaniden geben Ferrisalze braunes Ferri-Ferrizyanid, das im Wasser gelöst bleibt.)

b) **Silbernitrat** fällt gelbrotes Silberferrizyanid $Ag_3[Fe(CN)_6]$, unlöslich in Salpetersäure, löslich in Ammoniak.

$$K_3[Fe(CN)_6] + 3\,AgNO_3 = Ag_3[Fe(CN)_6] + 3\,KNO_3$$
$$[Fe(CN)_6]''' + 3\,Ag^{\cdot} = Ag_3[Fe(CN)_7].$$

c) Aus **Jodkalium** wird durch Ferrizyanide Jod freigemacht:

$$K_3[Fe(CN)_6] + KJ = K_4[Fe(CN)_6 + J$$
$$[Fe(CN)_6]''' + J' = Fe(CN)_6'''' + J.$$

Das freie Jod kann nach Zugabe eines Tropfens Stärkelösung an der Bildung der tiefblauen Jodstärke erkannt werden.

Rhodanwasserstoffsäure, HCNS.

Die Säure ist frei wenig beständig. Stechend riechende Flüssigkeit. Ihre Salze, die Rhodanide, sind, mit Ausnahme des Kupfer- und Silberrhodanids, wasserlöslich.

Vorproben auf Rhodanide:

α) Von konzentrierter Schwefelsäure werden Rhodanide unter Schwefelabscheidung und Bildung stechend riechender Zersetzungsprodukte zerstört.

Anmerkung: Derartige Reaktionen werden um so vieldeutiger, je stärker der fragliche Stoff mit anderen vermischt ist. Man bewerte also solche Proben nur als Hinweise, aber nicht als Entscheidungen.

β) Der Schwefel der Rhodanide kann durch die Heparprobe (S. 77) nachgewiesen werden. Selbstverständlich ist sie nur dann beweisend, wenn keine anderen schwefelhaltigen Verbindungen zugegen sind.

Reaktionen des Rhodanidions CNS'.

Zur Ausführung der Reaktionen nimmt man eine Lösung von Kaliumrhodanid, KCNS.

a) **Eisen(3)chlorid** gibt mit Rhodaniden blutrotes Eisen(3)-rhodanid. (Von dieser Farbe hat das Rhodan seinen Namen. ($\varrho o\delta\acute{o}\varepsilon\iota\varsigma$, rosenrot.)

$$3\,KCNS + FeCl_3 = Fe(CNS)_3 + 3\,KCl$$
$$3\,CNS' + Fe^{\cdots} = Fe(CNS)_3.$$

b) **Kobaltnitrat** gibt mit Ammoniumrhodanid eine blaue Lösung eines komplexen Ammoniumkobaltrhodanids. Das komplexe Rhodanid läßt sich mit Amylalkohol, dem man etwas Äther zugesetzt hat, aus seiner wässerigen Lösung ausschütteln.

$$Co(NO_3)_2 + 4\,NH_4SCN = (NH_4)_2[Co(SCN)_4] + 2\,NH_4NO_3$$
$$Co^{\cdots} + 4\,SCN' = [Co(SCN)_4]''.$$

Anmerkung: Die Reaktion gelingt nur, wenn man mit ziemlich konzentrierten Lösungen arbeitet. Man überschichtet mit etwas

Amylalkohol-Äthergemisch, verschließt das Reagensglas mit dem Daumen und schüttelt gut durch. Die Amylalkoholschicht erscheint dann, nachdem sich die Flüssigkeiten wieder getrennt haben, blau.

c) Silbernitrat fällt weißes, käsiges Rhodansilber, AgCNS, das in Ammoniak und Salpetersäure unlöslich ist.

$$AgNO_3 + KCNS = AgCNS + KNO_3$$
$$Ag\cdot + CNS' = AgCNS.$$

Die Entfernung komplexer Zyanide und organischer Stoffe.

Manche komplexe Zyanide sind in Säuren nicht oder nur sehr schwer löslich. Um sie der Analyse zugänglich zu machen, zerstört man den Zyankomplex, indem man sie mit Schwefelsäure abraucht. Hierbei entstehen Sulfate, der im Zyan enthaltene Stickstoff geht in Ammoniumsulfat über, und der Kohlenstoff wird in Kohlenoxyd übergeführt. Erhitzt man dagegen Ferrozyankalium mit verdünnter Schwefelsäure, so wird nur der Ferrozyankomplex, nicht aber auch das Zyan, zerstört, und man erhält einen Teil des Zyans als Zyanwasserstoff.

Mit konz. H_2SO_4:

$$2\,K_4[Fe(CN)_6] + 6\,H_2SO_4 + 6\,H_2O$$
$$= 2\,K_2SO_4 + FeSO_4 + 3\,(NH_4)_2SO_4 + 6\,CO.$$

Mit verd. H_2SO_4:

$$2\,K_4[Fe(CN)_6] + 3\,H_2SO_4 = 6\,HCN + 3\,K_2SO_4 + K_2Fe_2(CN)_6.$$

Die Entfernung bzw. Zerstörung organischer Stoffe geschieht ebenfalls durch Abrauchen mit konzentrierter Schwefelsäure, der man noch etwa 1 g Ammoniumpersulfat zusetzen kann. Handelt es sich nur um die Entfernung von Oxalsäure, so kann man — falls keine Phosphorsäure anwesend ist — den mit Schwefelammonium ausgefällten Niederschlag unter gutem Umrühren einige Minuten mit konzentrierter Sodalösung auskochen und heiß filtrieren. Dadurch setzen sich die als Oxalate in den Schwefelammoniumniederschlag geratenen Erdalkalien zu Karbonaten um. Man löst nun den gut gewaschenen Niederschlag in verd. Salzsäure, macht mit Ammoniak schwach alkalisch, fällt, ohne Rücksicht auf einen etwa entstehenden Niederschlag, abermals mit Schwefelammonium und filtriert. Man hat nun auf dem Filter die Metalle der Schwefelammoniumgruppe als Sulfide bzw. Hydroxyde, im Filtrat die Erdalkalien als Chloride.

Anmerkung: Das Abrauchen mit Schwefelsäure geschieht am besten in einer kleinen Porzellanschale mit kleiner Flamme auf dem Asbestdrahtnetz und muß unter allen Umständen unter einem gut ziehenden Abzug vorgenommen werden.

Erkennung und Entfernung der Borsäure (siehe S. 118).

Die Gruppe III (Schwefelammoniumgruppe).

Ni, Co, Fe, Mn, Cr, Al, Zn (U, Ti; Cer u. Yttererden).

Die Metalle der Schwefelammoniumgruppe zeigen unter anderen folgende charakteristische Eigenschaften:

Eisen, Mangan und Chrom bilden verschiedene Wertigkeitsstufen. In den niederen verhalten sich diese Elemente durchaus metallisch, in den höheren (IV, VI und VII) säurebildend. (Ferrate, Manganate, Permanganate, Chromate; das sind die Salze der Eisen-, Mangan, Permangan- und Chromsäure.)

Chrom, Aluminium und Zink bilden amphotere Hydroxyde, d. h. Hydroxyde, die sich gegenüber starken Laugen als Säuren verhalten und mit ihnen Salze (Chromite, Aluminate, Zinkate) bilden. Hierauf, sowie auf der leichten Hydrolysierbarkeit des Chrom- und Aluminiumsulfids (vgl. S. 55 und 58) beruht der Trennungsgang der Schwefelammoniumgruppe.

Nickel, Ni. *Weißes, schwach gelbstichiges Metall. Kommt vor unter anderm als Arsennickel (NiAs, Rotnickelkies) und NiAsS, Arsennickelglanz. Vorwiegend zweiwertig. Salze meist grün. In ihren Lösungen findet sich das grünliche Nickel(2)ion, Ni··.*

Vorprobe auf Ni.

Nickelverbindungen färben die Boraxperle in der Oxydationsflamme braun, in der Reduktionsflamme grau.

Die **Perlprobe** wird ausgeführt, indem man an einem glühend gemachten Magnesiastäbchen (besser: in der Öse eines Platindrahts) einige Körnchen Borax anbacken läßt und sie in der Bunsenflamme zu einem durchsichtigen Tropfen Boraxglas zusammenschmilzt. Die etwas abgekühlte, aber noch heiße Perle tupft man in die zu untersuchende Lösung oder feste Substanz und bringt sie, je nach der Art der Untersuchung, im Oxydationsraum oder Reduktionsraum der Bunsenflamme zum Schmelzen. Beim Erkalten zeigt sich dann die Färbung. Den Oxydations- und Reduktionsraum der Bunsenflamme zeigt die Abb. 2.

Anmerkung: Die Perle muß stets rasch aus der Flamme genommen werden, um sie nicht beim Herausnehmen wieder durch Oxydation bzw. Reduktion zu verändern. An Stelle von Borax kann man auch Phosphorsalz (Natriumammoniumphosphat, $NaNH_4HPO_4$) verwenden. Die Färbungen sind die gleichen, wie bei den Boraxperlen, manchmal etwas reiner und deutlicher — letzteres z. B. bei Wolfram. Infolge der größeren Zähigkeit haften Boraxperlen besser am Platindraht als Phosphorsalzperlen.

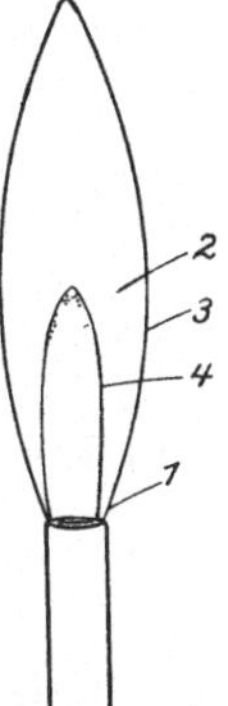

Abb. 2.

1 Flammenbasis, niederste Temperatur (~ 350⁰) geeignet zur Erzeugung von Flammenfärbungen.

2 Schmelzraum, höchste Temperatur (~ 1550⁰).

3 Oxydationsraum. Sauerstoffüberschuß durch Zutritt der Außenluft, daher Oxydationswirkung.

4 Reduktionsraum. Sauerstoffunterschuß, infolgedessen noch etwas unverbrannter Wasserstoff und unverbranntes Kohlenoxyd, aus dem Leuchtgas stammend, daher Reduktionswirkung.

Reaktionen auf Ni·· .

Zur Ausführung der Reaktionen nimmt man eine Lösung von Nickelsulfat, $NiSO_4 . 7 H_2O$.

a) **Schwefelammonium** fällt schwarzes Nickelsulfid, NiS:

$$NiSO_4 + (NH_4)_2S = NiS + (NH_4)_2SO_4$$
$$Ni·· + S'' \qquad = NiS.$$

Anmerkung: NiS ist in verdünnter Salzsäure (doppelt normal) sowie Essigsäure unlöslich. Dagegen hat es große Neigung, in überschüssigem Ammoniumsulfid oder Ammoniak nicht auszuflocken, sondern als Kolloid gelöst zu bleiben. Anwesenheit von Elektrolyten (Ammoniumchlorid, Ammoniumazetat) begünstigt die Ausflockung. In Abwesenheit dieser Salze gefälltes Nickelsulfid bildet mit Wasser tiefbraune kolloide Lösungen, es „läuft durchs Filter". Abhilfe: siehe S. 63.

b) **Ammoniak** fällt blaßgrünes Nickelhydroxyd, das sich im Überschuß des Fällungsmittels zu einem Komplexsalz löst:

$$NiSO_4 + 2 NH_4OH = Ni(OH)_2 + (NH_4)_2SO_4$$
$$Ni·· + 2 OH' \qquad = Ni(OH)_2.$$

Anmerkung: Der mit überschüssigem Ammoniak entstehende Nickelkomplex (vermutlich [Ni(NH$_3$)$_4$]$\cdot\cdot$) ist blau und kann infolge seiner Farbe leicht die Anwesenheit von Cu$\cdot\cdot$ bzw. [Cu(NH$_3$)$_4$]$\cdot\cdot$ vortäuschen.

c) **Natronlauge** (und **Kalilauge**) fällen ebenfalls Nickelhydroxyd:

$$NiSO_4 + 2\,NaOH = Ni(OH)_2 + Na_2SO_4$$
$$Ni\cdot\cdot + 2\,OH' = Ni(OH)_2.$$

Komplexsalzbildung findet nicht statt, das Hydroxyd ist also in den Alkalilaugen (praktisch) unlöslich.

d) **Bromwasser** in alkalischer Lösung fällt schwarzes Nickel(3)-hydroxyd, Ni(OH)$_3$:

$$NiSO_4 + 3\,NaOH + Br = Ni(OH)_3 + Na_2SO_4 + NaBr$$
$$Ni\cdot\cdot + 3\,OH' + Br = Ni(OH)_3 + Br'.$$

e) **Kaliumzyanid** fällt hellgrünes Nickelzyanid, Ni(CN)$_2$:

$$NiSO_4 + 2\,KCN = Ni(CN)_2 + K_2SO_4$$
$$Ni\cdot\cdot + 2\,CN' = Ni(CN)_2.$$

Mit überschüssigem Kaliumzyanid tritt, unter Bildung eines gelben Komplexsalzes, Lösung ein:

$$Ni(CN)_2 + 2\,KCN = K_2[Ni(CN)_4]$$
$$Ni(CN)_2 + 2\,CN' = [Ni(CN)_4]''$$

Durch Bromwasser und Natronlauge wird dieses Komplexsalz unter Abscheidung schwarzen Nickel(3)hydroxyds zerstört. Gegen Schwefelammonium ist es beständig. Verdünnte Säuren zerstören es unter Abscheidung von Ni(CN)$_2$ (das sich in überschüssiger Säure natürlich wieder löst) und Entwicklung von von Zyanwasserstoff. Vorsicht! Abzug!

Anmerkung: Die Ausfällung des Ni(OH)$_3$ aus der komplexen Zyanidlösung gelingt am besten beim Erwärmen. Man vermeide einen Überschuß an KCN und gebe nur so viel zu, bis sich das Nickelzyanid gerade gelöst hat. Abzug!

f) **Tschugaeffs Reagens** (α-Dimethylglyoxim),

$$H_3C-C{\diagup}^{NOH}$$
$$H_3C\quad C{\diagdown}_{NOH}$$

bildet mit Ni$\cdot\cdot$ tiefrotes, sehr voluminöses Dimethylglyoximnickel.

Anmerkung: Man führt die Probe so aus, daß man in die zu prüfende Lösung, die schwach essigsauer oder ammoniakalisch sein muß, etwa $^1/_4$ ihres Volumens an $1^0/_0$iger alkoholischer Lösung des Tschugaeffschen Reagenses zugibt und zum Sieden erhitzt. Der Niederschlag ist sehr voluminös und entsteht bei großen Mengen Nickel schon in der Kälte. Sehr empfindliche Reaktion, die nur bei geringen Nickelmengen neben viel Kobalt unsicher wird. In diesem Fall muß man nach S. 66, Anm., verfahren.

Kobalt, Co. *Graues, glänzendes Metall. Ständiger Begleiter des Nickels. Vorkommen: unter andern als $CoAs_2$ (Speiskobalt) und CoAsS (Kobaltglanz). Vorwiegend zweiwertig. Starke Neigung zur Bildung von Komplexsalzen.*

Salze: wasserhaltig rot, wasserfrei blau. In ihrer wässerigen Lösung findet sich das Kobalt(2)ion $Co^{..}$.

Vorprobe auf Co.

Kobaltverbindungen färben die Boraxperle sowohl in der Oxydations- als Reduktionsflamme tiefblau. Empfindliche Reaktion. Bei Anwesenheit von Ni neben Co überdeckt die Kobaltfärbung die Nickelfärbung, außer wenn Ni in großem Überschuß vorhanden ist. In diesem Fall erhält man die Nickelperle.

Reaktionen auf $Co^{..}$.

Zur Ausführung der Reaktionen nimmt man eine Lösung von Kobaltnitrat, $Co(NO_3)_2 . 6\,H_2O$.

a) Schwefelammonium fällt schwarzes Kobaltsulfid, CoS, das, ebenso wie NiS, in verdünnter doppelt normaler Salzsäure und Essigsäure unlöslich ist.

$$Co(NO_3)_2 + (NH_4)_2S = CoS + 2\,NH_4NO_3$$
$$Co^{..} + S'' \qquad = CoS.$$

b) Ammoniak fällt einen blauen Niederschlag wechselnder Zusammensetzung, z. B.:

$$Co(NO_3)_2 + NH_4OH = Co(OH)NO_3 + NH_4NO_3\,.$$

Der Niederschlag ist im Überschuß des Fällungsmittels mit braungelber Farbe löslich. Die Lösung oxydiert sich an der Luft und wird langsam rotbraun. Sie enthält dann Komplexe mit 3 wertigem Co, z. B.:

$$2\,Co(OH)NO_3 + 14\,NH_4OH + O$$
$$= 2\,[Co(NH_3)_6](OH)_3 + 11\,H_2O + 2\,NH_4NO_3\,.$$

Anmerkung: Bei gleichzeitiger Anwesenheit von viel Ammoniumsalz wird die Fällung unvollständig, bzw. sie wird überhaupt ver-

hindert. Ganz vollständig ist sie nie, da man ja schon mit dem Ammoniak selbst $NH_4^{\cdot}$ in die Lösung bringt.

c) **Alkalilaugen** fällen in der Kälte basisches Salz, in der Siedehitze rosafarbenes Kobalthydroxyd. Durch überschüssige Lauge wird das basische Salz in Hydroxyd übergeführt.

In der Kälte:

$$Co(NO_3)_2 + NaOH = Co(OH)NO_3 + NaNO_3.$$

In der Siedehitze:

$$Co(NO_3)_2 + 2\,NaOH = Co(OH)_2 + 2\,NaNO_3$$
$$Co^{\cdot\cdot} + 2\,OH' = Co(OH)_2.$$

Einwirkung von überschüssiger Lauge auf basisches Salz:

$$Co(OH)NO_3 + NaOH = Co(OH)_2 + NaNO_3.$$

Anmerkung: Feuchtes Kobalthydroxyd, Co(OH)$_2$, oxydiert sich an der Luft langsam zu braunem Kobalt(3)hydroxyd, Co(OH)$_3$. Dies ist ein wesentlicher Unterschied gegenüber dem Nickelhydroxyd.

d) **Bromwasser** fällt in alkalischer Lösung braunschwarzes Kobalt(3)hydroxyd (vgl. auch bei Nickel, S. 46.)

$$2\,Co(NO_3)_2 + 6\,NaOH + 2\,Br = 2\,Co(OH)_3 + 2\,NaBr + 4\,NaNO_3$$
$$2\,Co^{\cdot\cdot} + 6\,OH' + 2\,Br = 2\,Co(OH)_3 + 2\,Br'.$$

e) **Kaliumzyanid** fällt braunes Kobaltzyanid:

$$Co(NO_3)_2 + 2\,KCN = Co(CN)_2 + 2\,KNO_3$$
$$Co^{\cdot\cdot} + 2\,CN' = Co(CN)_2.$$

Im Überschuß des Fällungsmittels löst es sich braun zu komplexem Salz (Kaliumkobaltzyanid):

$$Co(CN)_2 + 4\,KCN = K_4[Co(CN)_6]$$
$$Co(CN)_2 + 4\,CN' = [Co(CN)_6]''''.$$

Anmerkung: Das Kobaltozyanidion ist nicht sehr beständig. Langsam durch die Einwirkung des Luftsauerstoffs, sehr rasch durch Erhitzen mit Oxydationsmitteln (H$_2$O$_2$) geht es in das Kobaltizyanidion, [Co(CN)$_6$]''' über. Die Lösung färbt sich dabei gelb. Dieses Ion ist, im Gegensatz zum früheren, sehr beständig. Es wird nicht einmal mehr von Bromwasser und Natronlauge zerstört. Dieses Reagens fällt also kein Kobalt(3)hydroxyd mehr. Da sich das entsprechende Nickelozyanidion [Ni(CN)$_4$]'' nicht oxydieren läßt und infolgedessen auch nach Behandlung mit Oxydationsmitteln aus komplexen Nickelzyanidlösungen durch Brom-

wasser und Natronlauge noch Nickel (3) hydroxyd gefällt wird, kann man dieses unterschiedliche Verhalten zu einer bequemen Trennung von Kobalt und Nickel benutzen.

f) Ammoniumrhodanid bildet mit Co¨ ein blaues Komplexsalz. (Ammoniumkobaltrhodanid.)

$$Co(NO_3)_2 + 4\,NH_4CNS = (NH_4)_2[Co(CNS)_4] + 2\,NH_4NO_3$$
$$Co^{\cdot\cdot} + 2\,NH_4^{\cdot} + 4\,CNS' = (NH_4)_2[Co(CNS)_4].$$

Anmerkung: Die Reaktion gelingt nur bei Zugabe einer konzentrierten Ammoniumrhodanidlösung zu einer verhältnismäßig konzentrierten neutralen (oder schwach sauren) Kobaltsalzlösung.

Eisen, Fe. *Reines Eisen ist silberweiß. Vorkommen u. a.: oxydisch als Fe_3O_4 (Magneteisenstein) und Fe_2O_3 (Roteisenstein); sulfidisch als FeS_2 (Pyrit, Eisenkies).*

Zwei- und dreiwertig. Die dreiwertige Form ist die stabilere. Eisen (2) salze (Ferrosalze) liefern das Ion Fe¨ und sind ziemlich unbeständig; meist grünlich. Eisen (3) salze (Ferrisalze) liefern das Ion Fe˙˙˙ und sind beständig. Grün bis gelb. Eisen (3) salzlösungen sind meist gelblich bis gelb.

Vorprobe auf Eisen.

Die Boraxperle wird durch Eisenverbindungen in der Hitze rot bis gelb (Oxydationsflamme) bzw. grünlichgelb (Reduktionsflamme) gefärbt. Beim Erkalten der Perle geht der Farbton fast bis zur Farblosigkeit zurück.

Reaktionen auf Fe¨.

Zur Ausführung der Reaktionen nimmt man eine Lösung von reinem (unoxydiertem) Eisen (2) sulfat, $FeSO_4 . 7\,H_2O$.

a) Schwefelammonium fällt schwarzes, leicht säurelösliches Eisen (2) sulfid:

$$FeSO_4 + (NH_4)_2S = FeS + (NH_4)_2SO_4$$
$$Fe^{\cdot\cdot} + S'' \quad\quad = FeS.$$

b) Alkalilaugen fällen weißes Eisen (2) hydroxyd:

$$FeSO_4 + 2\,NaOH = Fe(OH)_2 + Na_2SO_4$$
$$Fe^{\cdot\cdot} + 2\,OH' \quad = Fe(OH)_2.$$

Das Eisen (2) hydroxyd geht bei Luftzutritt sehr rasch über schmutzigweißes Ferroferrihydroxyd in braunes Eisen (3) hydroxyd, $Fe(OH)_3$, über. Man wird also nur in Ausnahmefällen eine rein weiße Fällung erhalten.

c) Ammoniak fällt, bei Abwesenheit von Ammoniumsalzen, d. h. bei Abwesenheit von $NH_4^{\cdot}$, weißes (vgl. unter b) Eisen (2)-

hydroxyd. Da man mit dem Ammoniak bereits $NH_4^{\cdot}$ in die Lösung bringt, wird die Fällung nie vollständig. Größere Mengen von Ammoniumsalzen verhindern sie völlig.

$$FeSO_4 + 2\,NH_4OH = Fe(OH)_2 + (NH_4)_2SO_4$$
$$Fe^{\cdot\cdot} + 2\,OH' \quad = Fe(OH)_2\,.$$

d) **Kaliumzyanid** fällt hellbraunes Eisen(2)zyanid, das sich im Überschuß des Fällungsmittels zu gelbem Blutlaugensalz (Kaliumferrozyanid) löst.

$$FeSO_4 + 2\,KCN = Fe(CN)_2 + K_2SO_4$$
$$Fe^{\cdot\cdot} + 2\,CN' = Fe(CN)_2$$
$$Fe(CN)_2 + 4\,KCN = K_4[Fe(CN_6)]$$
$$Fe(CN)_2 + 4\,CN' = [Fe(CN_6)]''''\,.$$

In dem Ferrozyankomplex ist das Eisen nicht mehr ausfällbar. Schwefelammonium usw. bleibt also ohne Einwirkung.

e) **Ferrizyankalium** (rotes Blutlaugensalz) fällt einen dunkelblauen Niederschlag von Ferroferrizyankalium (TURNBULLS Blau). Sehr empfindliche Reaktion auf $Fe^{\cdot\cdot}$.

$$3\,FeSO_4 + 2\,K_3[Fe(CN_6)] = Fe_3[Fe(CN_6)]_2 + 3\,K_2SO_4$$
$$3\,Fe^{\cdot\cdot} + 2\,[Fe(CN_6)]''' = Fe_3[Fe(CN_6)]_2\,.$$

Anmerkung: Turnbulls- (und das bei $Fe^{\cdot\cdot\cdot}$ zu findende Berlinerblau) sind Beispiele für das Auftreten von Farbe bei Molekülen, die ein und dasselbe Element in verschiedenen Wertigkeitsstufen enthalten. Hier: Fe^{II} und Fe^{III}.)

Reaktionen auf $Fe^{\cdot\cdot\cdot}$.

Zur Ausführung der Reaktionen nimmt man eine Lösung von Eisen(3)chlorid, $FeCl_3 \cdot 6\,H_2O$.

a) **Schwefelammonium** fällt schwarzes, säurelösliches Eisen(3)sulfid, Fe_2S_3:

$$2\,FeCl_3 + 3\,(NH_4)_2S = Fe_2S_3 + 6\,NH_4Cl$$
$$2\,Fe^{\cdot\cdot\cdot} + 3\,S'' = Fe_2S_3\,.$$

b) **Alkalilaugen** fällen braunes, gallertartiges Eisen(3)hydroxyd, $Fe(OH)_3$:

$$FeCl_3 + 3\,NaOH = Fe(OH)_3 + 3\,NaCl$$
$$Fe^{\cdot\cdot\cdot} + 3\,OH' = Fe(OH)_3\,.$$

c) **Ammoniak** fällt ebenfalls Eisen(3)hydroxyd:

$$FeCl_3 + 3\,NH_4OH = Fe(OH)_3 + 3\,NH_4Cl$$
$$Fe^{\cdot\cdot\cdot} + 3\,OH' = Fe(OH)_3\,.$$

d) **Kaliumzyanid** fällt braunes Eisen(3)zyanid, $Fe(CN)_3$, das im Überschuß des Fällungsmittels zu dunkelgelbem Kaliumferrizyanid (rotem Blutlaugensalz) löslich ist.

$$FeCl_3 + 3\,KCN = Fe(CN)_3 + 3\,KCl$$
$$Fe^{\cdots} + 3\,CN' = Fe(CN)_3$$
$$Fe(CN)_3 + 3\,KCN = K_3[Fe(CN_6)]$$
$$Fe(CN)_3 + 3\,CN' = [Fe(CN_6)]'''.$$

e) **Kaliumferrozyanid** fällt tiefblaues Ferriferrozyankalium (Berlinerblau):

$$4\,FeCl_3 + 3\,K_4[Fe(CN_6)] = Fe_4[Fe(CN)_6] + 12\,KCl$$
$$4\,Fe^{\cdots} + 3\,[Fe(CN_6)]'''' = Fe_4[Fe(CN)_6].$$

Anmerkung: Die Reaktionen von Ferrizyanidion auf Ferroion und von Ferrozyanidion auf Ferriion sind sehr empfindlich. Über die Frage, ob es sich bei dem Turnbullschen und Berlinerblau um verschiedene Körper oder um die gleiche Verbindung handelt, gehen die Meinungen noch auseinander. Die Zusammensetzung der Niederschläge schwankt etwas mit dem Mengenverhältnis von Eisensalz zu Eisenzyansalz.

f) **Rhodanammonium** gibt eine blutrote Färbung, hervorgerufen durch Eisen(3)rhodanid, $Fe(CNS)_3$.

$$FeCl_3 + 3\,NH_4CNS = Fe(CNS)_3 + 3\,NH_4Cl$$
$$Fe^{\cdots} + 3\,CNS' = Fe(CNS)_3.$$

Das Eisen(3)rhodanid kann mit Äther oder Amylalkohol ausgeschüttelt werden, da es in ihm löslich ist. Man gibt zu der Lösung wenige ccm Äther, verschließt das Reagensglas mit dem Daumen, schüttelt durch und wartet, bis die Flüssigkeiten sich wieder entmischt haben. Man erhält so eine tiefrote Ätherschicht auf der mehr oder minder entfärbten Lösung.

Anmerkung: Die Reaktion ist außerordentlich empfindlich, muß aber mit Kritik verwertet werden. Erstens gibt nämlich Salpetersäure allein bereits mit Rhodanammonium eine, allerdings nicht beständige Rotfärbung, und zweitens kann die Reaktion gestört werden durch Stoffe, die mit dem Ferri- oder Rhodanion zu farblosen Verbindungen zusammentreten. Dies ist vor allem bei dem Quecksilber(2)ion der Fall, weil es mit Ammoniumrhodanid farbloses, komplexes Ammoniummerkurirhodanid $(NH_4)_2[Hg(CNS)_4]$ bildet. Ebenfalls störend wirken organische Säuren, Phosphorsäure und salpetrige Säure.

Mangan, Mn. *Graues, leicht säurelösliches Metall. Vorkommen unter andern: als MnO_2 (Braunstein), Mn_3O_4 (Hausmannit),*

MnCO$_3$ (Manganspat). Zwei-, drei-, vier-, sechs- und siebenwertig. Die drei- und sechswertige Stufe ist unbeständig. Die sechs- und siebenwertigen Oxydationsstufen sind Säureanhydride (Mangan- und Übermangansäure). Mangan(2)salze (Mn¨) schwach'rosa. Übermangansaure Salze (MnO$_4$') tief violett. (Mangan(3)salze (Mn¨¨), unbeständig, schmutzig violett, Manganate (MnO$_4$''), unbeständig, grün).

Vorproben auf Mangan.

α) Manganverbindungen färben die Boraxperle in der Oxydationsflamme violett bis braun. Die Färbung vertieft sich beim Erkalten. Die reduzierte Perle ist farblos.

β) Oxydationsschmelze. Schmilzt man eine Spur einer Manganverbindung mit einer Mischung von Natriumkarbonat (vier Teile) und Kaliumnitrat (ein Teil) — sogenanntes Soda-Salpetergemisch — so entsteht durch Oxydation tiefgrünes Manganat. Das Kaliumnitrat liefert den zur Oxydation nötigen Sauerstoff, z. B.:

$$MnCl_2 + 2\,Na_2CO_3 + 2\,KNO_3$$
$$= Na_2MnO_4 + 2\,NaCl + 2\,KNO_2 + 2\,CO_2.$$

Das gebildete Alkalimanganat löst sich in Wasser. Säuert man diese Lösung mit Essigsäure an, so wird sie langsam blaustichig rot (Bildung von Permanganat) und scheidet braune Flocken von Mangandioxydhydrat, $MnO(OH)_2$, ab.

Anmerkung: Die Reaktion ist ungemein empfindlich, aber man muß sie richtig anstellen. Nimmt man die Schmelze in einem Porzellantiegeldeckel vor, so muß man unbedingt mit der Gebläseflamme arbeiten. Benutzt man ein Platinblech, so kann schon ein guter Teklubrenner ausreichen. In jedem Fall muß die Masse einige Sekunden so stark durchgeschmolzen werden, daß sie, unter Aufschäumen, völlig gleichförmig wird. Unter diesen Bedingungen läßt sich die geringste Spur Mangan mit Sicherheit auffinden.

Reaktionen auf Mn¨.

Zur Ausführung der Reaktionen verwendet man eine Lösung von Mangan(2)sulfat, MnSO$_4$. 7 H$_2$O, oder Mangan(2)chlorid, MnCl$_2$. 4 H$_2$O.

a) **Schwefelammonium** fällt rötlichweißes **Mangan(2)sulfid, MnS,** das leicht in Säuren löslich ist.

$$MnCl_2 + (NH_4)_2S = MnS + 2\,NH_4Cl$$
$$Mn¨ + S'' = MnS.$$

Das Mangansulfid oxydiert sich bei Luftzutritt leicht unter Braunfärbung. Wird es aus stark ammoniakalischen Lösungen mit einem ziemlichen Überschuß von Ammoniumsulfid ausgefällt, so scheidet sich anstatt des (wasserhaltigen) rötlichen ein wasserärmeres grünes Mangan(2)sulfid ab. Die Umwandlung geht namentlich bei Siedehitze leicht vor sich, wird aber durch Anwesenheit von Chlorionen verzögert bzw. verhindert.

b) **Alkalilaugen** fällen weißes Mangan(2)hydroxyd, $Mn(OH)_2$. Leicht säurelöslich. Oxydiert sich an der Luft' rasch unter Braunfärbung und Übergang in Mangandioxydhydrat.

$$MnCl_2 + 2\,NaOH = Mn(OH)_2 + 2\,NaCl$$
$$Mn^{\cdot\cdot} + 2\,OH' = Mn(OH)_2$$
$$Mn(OH)_2 + O = MnO(OH)_2.$$
$$\text{(braun)}.$$

c) **Ammoniak** fällt ebenfalls Mangan(2)hydroxyd, aber nur, wenn keine Ammoniumionen vorhanden sind. In diesem Fall tritt **teilweise** Fällung ein:

$$MnCl_2 + 2\,NH_4OH \rightleftarrows Mn(OH)_2 + 2\,NH_4Cl,$$

während bei Anwesenheit von Ammoniumsalzen die Fällung ausbleibt, da die Reaktion völlig im Sinn des unteren Pfeiles verläuft. (Vgl. u. a. bei Eisen, S. 49.)

d) **Bleidioxyd** bei Gegenwart von konzentrierter Salpetersäure, oxydiert $Mn^{\cdot\cdot}$ zu MnO_4'. Sehr empfindliche Reaktion. Ausführung: Wenige ccm der zu prüfenden Lösung werden mit dem halben Volumen konzentrierter Salpetersäure und 0,5 bis 1 g Bleidioxyd versetzt, worauf man etwa zehn Sekunden lang zum kräftigen Sieden erhitzt. (Reagensglashalter! Lösung stößt leicht!) Darauf läßt man das aufgewirbelte Bleidioxyd absitzen und kann dann, falls $Mn^{\cdot\cdot}$ anwesend war, die violette Permanganatfarbe beobachten. Reaktionsschema etwa:

$$2\,MnSO_4 + 5\,PbO_2 + 6\,HNO_3$$
$$= 2\,HMnO_4 + 2\,PbSO_4 + 3\,Pb(NO_3)_2 + 2\,H_2O.$$

Anmerkung: Die Probe bedarf einiger Vorsicht und Kritik. Erstens muß die zu prüfende Lösung frei von Salzsäure oder viel Cl' sein, da sonst das gesamte Bleidioxyd in Bleichlorid übergeht und wirkungslos wird. Außerdem oxydiert Permangansäure Chlorwasserstoff und geht dadurch in farbloses Manganosalz über:

$$2\,HMnO_4 + 10\,HCl + 2\,H_2O = 2\,MnCl_2 + 3\,Cl_2 + 8\,H_2O.$$

*Zweitens soll man die Lösung nach dem Kochen nicht filtrieren, um nicht etwa gebildetes Permanganat durch organische Verunreinigungen im Filtrierpapier wieder zu reduzieren. **Drittens muß*** *man sich durch einen blinden Versuch davon überzeugen, daß das verwendete Bleidioxyd manganfrei ist, was durchaus nicht immer der Fall ist. Wenig Bleidioxyd nehmen! Genügend lang absitzen lassen, da schwebende Bleidioxydteilchen oft violette Tönung vortäuschen! In Zweifelsfällen Kontrollversuch mit einem stecknadelkopfgroßen Splitterchen $MnCl_2$ (in einem halben Reagensglas voll Wasser gelöst) anstellen!*

Reaktionen auf MnO_2 (Braunstein).

a) **Chlorwasserstoff** wird von Mangandioxyd in der Wärme zu Wasser und Chlor oxydiert.

$$MnO_2 + 4\,HCl = MnCl_2 + Cl_2 + H_2O.$$

b) **Schwefelsäure** zerlegt den Braunstein in der Hitze unter Bildung von Mangan(2)sulfat und freiem Sauerstoff.

$$2\,MnO_2 + 2\,H_2SO_4 = 2\,MnSO_4 + 2\,H_2O + O_2.$$

Reaktionen auf MnO_4'.

Zur Ausführung der Reaktionen nimmt man eine verdünnte Lösung von Kaliumpermanganat, $KMnO_4$.

Reduktionsmittel führen in saurer Lösung Permanganate in Manganosalze über. Es tritt infolgedessen Entfärbung der Lösung ein. (In **alkalischer** Lösung geht die Reduktion nur bis zum vierwertigen Mangan; es scheidet sich also MnO_2, bzw. das Hydrat des Mangandioxyds, $MnO(OH)_2$, ab.) Beispiele:
Schwefelwasserstoff in saurer Lösung:

$$2\,KMnO_4 + 5\,H_2S + 3\,H_2SO_4 = 2\,MnSO_4 + K_2SO_4 + 5\,S + 8\,H_2O$$
$$2\,MnO_4' + 5\,H_2S + 6\,H^{\cdot} = 2\,Mn^{\cdot\cdot} + 5\,S + 8\,H_2O \cdot$$

Es tritt also Entfärbung und Abscheidung von Schwefel ein.
Oxalsäure in saurer Lösung:

$$\underset{\text{violett}}{2\,KMnO_4} + 5\,H_2C_2O_4 + 3\,H_2SO_4 = \underset{\text{farblos.}}{2\,MnSO_4} + K_2SO_4 + 10\,CO_2 + 8\,H_2O.$$

Diese Umsetzung vollzieht sich in der Kälte nur langsam, rasch dagegen in der Wärme. Anwendung in der Maßanalyse!

Andere Reduktionsmittel sind: Eisen(2)sulfat (maßanalytische Bestimmung mit Permanganat), Wasserstoffsuperoxyd (ebenfalls), schweflige Säure u. a.

Chrom, Cr. *Silberglänzendes, hartes Metall. Vorkommen: als $FeO.Cr_2O_3$ (Chromeisenstein) und $PbCrO_4$ (Rotbleierz). — Zwei-, drei-, sechs- und siebenwertig. Die zwei- und siebenwertige Stufe ist unbeständig. Die sich von der sechs- und siebenwertigen*

Stufe ableitenden Oxyde sind Säureanhydride (Chromsäure und Perchromsäure).

Chrom(2)salze (Cr¨) unbeständig. Chrom(3)salze (Cr···) grün oder violett, Chromate (CrO₄″) gelb, Dichromate (Cr₂O₇″) gelbrot, Perchromate (CrO₈‴) braun, die freie Säure (unbeständig) blau.

Vorproben auf Chrom.

α) Chromverbindungen färben die Boraxperle tief grün, sowohl in der Oxydations- als Reduktionsflamme.

β) Die Oxydationsschmelze mit Soda-Salpetergemisch (vgl. bei Mangan, S. 52, β) führt Chromverbindungen in gelbes Chromat über. Sehr empfindliche Reaktion.

$$Cr_2(SO_4)_3 + 3\,KNO_3 + 5\,Na_2CO_3$$
$$= 2\,Na_2CrO_4 + 3\,KNO_2 + 3\,Na_2SO_4 + 5\,CO_2.$$

Man löst die gelbe Schmelze in Wasser, säuert mit Essigsäure an und prüft nach einer der Reaktionen auf S. 57 auf CrO_4''.

Anmerkung: Die Schmelze des Soda-Salpetergemisches färbt sich infolge Nitritbildung bei der starken Erhitzung an sich bereits gelblich. Man hüte sich vor voreiligen Schlüssen. Identitätsprobe nicht unterlassen!

Reaktionen auf Cr···.

Zur Ausführung der Reaktionen nimmt man eine Lösung von Chrom(3)sulfat, Cr₂(SO₄)₃ oder Chromalaun, CrK(SO₄)₂ . 12H₂O.

a) Schwefelammonium fällt grüngraues Chrom(3)hydroxyd, da das zunächst gebildete Chrom(3)sulfid sofort von überschüssigem Wasser hydrolytisch in Chrom(3)hydroxyd und Schwefelwasserstoff gespalten wird.

$$Cr_2(SO_4)_3 + 3\,(NH_4)_2S = Cr_2S_3 + 3\,(NH_4)_2SO_4$$
$$Cr_2S_3 + 6\,H_2O = 2\,Cr(OH)_3 + 3\,H_2S.$$

b) Ammoniak fällt ebenfalls Chrom(3)hydroxyd, das im Überschuß in geringem Maß zu violettem Komplexsalz (Hexamminchromiion, $[Cr(NH_3)_6]^{···}$ löslich ist. Selbstverständlich ist das Chrom(3)hydroxyd leicht in Säuren zu Chrom(3)salzen löslich.

$$Cr_2(SO_4)_3 + 6\,NH_4OH = 2\,Cr(OH)_3 + 3\,(NH_4)_2SO_4$$
$$2\,Cr^{··} + 6\,OH' = 2\,Cr(OH)_3.$$

c) Auch Alkalilaugen fällen Chrom(3)hydroxyd, das im Überschuß zu Alkalichromiten löslich ist.

Das Chromhydroxyd verhält sich gegenüber starken Laugen wie eine Säure (Cr(OH)₃ reagiert wie H₃CrO₃ und bildet das

Chromition CrO_3'''). „Amphoteres Verhalten". Durch kochendes Wasser tritt Hydrolyse der Alkalichromite zu Chromihydroxyd und Alkalilauge ein. Dieses Verhalten des Chrom(3)hydroxyds und der Chromite ist sehr wichtig für die Analyse

$$Cr_2(SO_4)_3 + 6\,NaOH = 2\,Cr(OH)_3 + 3\,Na_2SO_4$$
$$2\,Cr^{\cdots} + 6\,OH' = 2\,Cr(OH)_3.$$

$$\overset{\text{Kälte}}{Cr(OH)_3 + 3\,NaOH \underset{\text{Siedehitze}}{\rightleftarrows} Na_3CrO_3 + 3\,H_2O.}$$

d) **Oxydationsmittel**, wie H_2O_2 in alkalischer Lösung, Bromwasser, ferner Permanganat in saurer, Bleidioxyd in alkalischer Lösung u. a. führen Chrom(3)salze in Chromate über, wobei dann die gelbe Farbe des Chromations CrO_4'' auftritt. Man überzeugt sich durch Zugabe von einigen Tropfen Natronlauge zu einer Chrom(3)sulfatlösung und Kochen des Gemisches mit wenigen ccm H_2O_2.

$$Cr_2(SO_4)_3 + 10\,NaOH + 3\,H_2O_2 = 2\,Na_2CrO_4 + 3\,Na_2SO_4 + 8\,H_2O.$$

Reaktionen auf Chromate und Dichromate (CrO_4'' und Cr_2O_7'').

Die Chromsäure, H_2CrO_4, ist frei nicht zu erhalten. In (angesäuerter) wässeriger Lösung geht sie unter Abspaltung von Wasser leicht in die Dichromsäure, $H_2Cr_2O_7$, über

$$2\,H_2CrO_4 \rightleftarrows H_2Cr_2O_7 + H_2O$$
$$2\,CrO_4'' + 2\,H^{\cdot} \rightleftarrows Cr_2O_7'' + H_2O.$$
$$\text{(von der}$$
$$\text{zugesetzten}$$
$$\text{Säure)}$$

CrO_4'' ist gelb, Cr_2O_7'' orangerot. Der Farbumschlag beim Ansäuern einer Chromatlösung ist gut zu beobachten. Da in wässerigen Chromatlösungen und Dichromatlösungen stets ein Gleichgewicht zwischen CrO_4'' und Cr_2O_7'' besteht, geben Chromate und Dichromate die gleichen Reaktionen.

Zur Ausführung der Reaktionen nimmt man eine Lösung von Kaliumchromat, K_2CrO_4.

a) **Reduktionsmittel** reduzieren Chromate und Dichromate zu grünem Chrom(3)salz, z. B. Schwefelwasserstoff (unter Schwefelabscheidung), Schwefelammonium, Schwefeldioxyd, Jodwasserstoff (wichtig für die Maßanalyse), Alkohol in salzsaurer Lösung (in der Analyse gebräuchliches Verfahren).

Reaktionsbeispiele:

1. Mit H_2S:

$$2\,K_2CrO_4 + 6\,H_2S = Cr_2S_3 + 3\,S + 4\,KOH + 4\,H_2O.$$

Das gebildete Chrom(3)sulfid wird sofort hydrolysiert:

$$Cr_2S_3 + 6\,H_2O = 2\,Cr(OH)_3 + 3\,H_2S.$$

2. Ganz entsprechend verläuft die Reduktion mit Schwefelammonium. Der hierbei entstehende Schwefel löst sich zu Polysulfid.

3. Mit SO_2:

$$K_2Cr_2O_7 + 3\,H_2O + 3\,SO_2 + H_2SO_4$$
$$= Cr_2(SO_4)_3 + K_2SO_4 + 4\,H_2O.$$

4. Mit Alkohol in salzsaurer Lösung:

$$2\,K_2CrO_4 + 10\,HCl + 3\,\underset{\text{Alkohol}}{C_2H_5 . OH}$$
$$= 3\,\underset{\text{Azetaldehyd}}{CH_3CHO} + 2\,CrCl_3 + 4\,KCl + 8\,H_2O.$$

b) **Bariumchlorid** fällt gelbes Bariumchromat, $BaCrO_4$, das in starken Säuren löslich, in Essigsäure unlöslich ist.

$$K_2CrO_4 + BaCl_2 = BaCrO_4 + 2\,KCl$$
$$CrO_4'' + Ba^{\cdot\cdot} = BaCrO_4.$$

c) **Silbernitrat** fällt rotbraunes, in starken Säuren lösliches Silberchromat, Ag_2CrO_4:

$$K_2CrO_4 + 2\,AgNO_3 = Ag_2CrO_4 + 2\,KNO_3$$
$$CrO_4'' + 2\,Ag^{\cdot} = Ag_2CrO_4.$$

d) **Wasserstoffsuperoxyd** in saurer Lösung oxydiert Chromsäure zu tiefblauer, sehr unbeständiger Überchromsäure, H_3CrO_8. Empfindlichste Reaktion auf CrO_4'' bzw. Cr_2O_7''.

Ausführung der Probe: Die zu prüfende Lösung wird mit wenigen Tropfen verd. Schwefelsäure angesäuert und im Reagensglas mit einigen ccm Äther überschichtet. Nun gibt man etwas Wasserstoffsuperoxyd zu und schüttelt sofort gut durch. Die entstandene Überchromsäure löst sich im Äther, in dem sie etwas beständiger ist als in Wasser, und schwimmt als tiefblauer Ring auf der infolge Anwesenheit von Chrom(3)salz schwach grünlichen Lösung.

Anmerkung: Da Wasserstoffsuperoxyd nicht sehr haltbar ist, muß man sich, falls die Probe versagt, durch einen blinden Versuch überzeugen, daß das Wasserstoffsuperoxyd nicht zersetzt ist.

Aluminium, Al. *Weißes, ähnlich wie Silber aussehendes Leichtmetall. (Spez. Gew. 2,7.) Löslich in Säuren und Laugen. (Vgl. unten.)*

Vorkommen: in Verbindung mit Kieselsäure in Ton, Porzellanerde (Kaolin), Feldspat, Glimmer und anderen Mineralien. Als Oxyd, Al_2O_3 u. a. in Form von Korund, Rubin, Saphir (Färbung durch Spuren von Schwermetallen) und Schmirgel. Technisch wichtige Aluminiummineralien: Bauxit (hydratisches Aluminiumoxyd) und Kryolith (Aluminiumnatriumfluorid).

Aluminium ist dreiwertig. Salze meist weiß; in ihrer Lösung das ungefärbte Ion $Al^{\cdots}$.

Vorprobe auf Al.

Wenn man Aluminiumverbindungen mit Kobaltsalzen stark erhitzt, so entsteht, unter bestimmten Bedingungen, eine tiefblaue Verbindung — Thénards Blau.

Ausführung der Probe: Man tränkt einen mehrfach gefalteten Streifen Filtrierpapier mit der zu prüfenden Lösung, befeuchtet ihn mit einem Tropfen (!) verdünnter Kobaltnitratlösung und verascht dann das obere Ende in der entleuchteten Bunsenflamme. Nach erfolgter Veraschung glüht man noch etwa $^1/_2$ Minute möglichst stark. (Achtung, daß die leichte Asche nicht wegfliegt.) Die Asche ist, bei Anwesenheit von Al, an einzelnen Stellen tiefblau gefärbt, da sich Kobaltaluminat, $Co(AlO_2)_2$, gebildet hat.

Anmerkung: Diese Probe kann nur mit starker Kritik verwertet werden. Es empfiehlt sich, sie weniger als Vorprobe, denn als Identitätsprobe zu benutzen. Denn auch andere Verbindungen, z. B. gewisse Phosphate der Erdalkalien, ebenso Kieselsäure, geben die gleiche Reaktion. Wenn man also ein Gemisch untersucht, wird man keinen eindeutigen Befund erwarten dürfen. Zudem ist die Probe nicht sehr empfindlich. Wenn man zuviel Kobaltnitrat anwendet, bilden sich wasserfreie Kobaltverbindungen, die durch ihre blaue Farbe zu Täuschungen führen können. Bei der Prüfung fester Substanzen befeuchtet man auf dem Filterpapier mit wenigen Tropfen verdünnter Salpetersäure, erwärmt schwach und verfährt dann weiter wie oben angegeben.

Reaktionen auf $Al^{\cdots}$.

Zur Ausführung der Reaktionen nimmt man eine Lösung von Aluminiumsulfat, $Al_2(SO_4)_3 \cdot 18\,H_2O$.

a) **Schwefelammonium** fällt weißes, gallertartiges Aluminiumhydroxyd, da das zunächst entstehende Sulfid sofort hydrolysiert wird.

$$Al_2(SO_4)_3 + 3\,(NH_4)_2S = Al_2S_3 + 3\,(NH_4)_2SO_4$$
$$Al_2S_3 + \quad 6\,H_2O = 2\,Al(OH)_3 + 3\,H_2S$$
$$2\,Al^{\cdots} + \quad 3\,S'' = Al_2S_3$$
$$Al_2S_3 + 6\,H^{\cdot} + 6\,OH' = 2\,Al(OH)_3 + 6\,H^{\cdot} + 3\,S''.$$

Aluminiumhydroxyd ist in Säuren und in starken Laugen löslich.

b) **Natronlauge** fällt Aluminiumhydroxyd, das im Überschuß des Fällungsmittels zu Natriumaluminat löslich ist.

$$Al_2(SO_4)_3 + 6\,NaOH = 2\,Al(OH)_3 + 3\,Na_2SO_4$$
$$2\,Al^{\cdots} + 6\,OH' \quad = 2\,Al(OH)_3$$
$$Al(OH)_3 + 3\,NaOH = Na_3AlO_3 + 3\,H_2O$$
$$Al(OH)_3 + 3\,OH' \quad = AlO_3''' \quad + 3\,H_2O.$$

Die Aluminate sind Salze einer „Aluminiumsäure". Aluminium kann sich also auch metalloidähnlich verhalten. („Amphoterer Charakter".) Auf dem amphoteren Charakter des Aluminiums beruht auch seine Fähigkeit, sich unter Wasserstoffentwicklung in Alkalilaugen zu lösen:

$$Al + 3\,NaOH = Na_3AlO_3 + 3\,H$$
$$Al + 3\,OH' \quad = AlO_3''' \quad + 3\,H.$$

Analytisch wichtig ist die Tatsache, daß Aluminatlösungen, im Gegensatz zu den Chromitlösungen (vgl. S. 55, c, Anm.) auch in der Siedehitze beständig sind, also selbst beim Kochen kein Hydroxyd abscheiden. Dagegen werden sie durch Ammoniak gespalten.

c) **Ammoniak** fällt Aluminiumhydroxyd. In überschüssigem Ammoniak ist es fast unlöslich.

$$Al_2(SO_4)_3 + 6\,NH_4OH = 2\,Al(OH)_3 + 3\,(NH_4)_2SO_4$$
$$2\,Al^{\cdots} + 6\,OH' \quad = 2\,Al(OH)_3.$$

d) **Zäsiumsulfat** bildet mit Aluminiumsulfat einen Alaun, Zäsiumaluminiumsulfat, der infolge seiner Schwerlöslichkeit in Wasser leicht in gut ausgebildeten, oktaedrischen Kristallen erhalten werden kann. Sehr empfindliche Probe auf Al$^{\cdots}$.

$$Cs_2SO_4 + Al_2(SO_4)_3 = Cs_2SO_4 \cdot Al_2(SO_4)_3 (+ 24\,H_2O).$$

Ausführung der Probe: Man löst etwas von dem zu untersuchenden Hydroxydniederschlag in wenigen Tropfen verd. Schwefelsäure auf einem Objektträger oder einem Uhrglas, gibt zwei Tropfen einer ziemlich konzentrierten Zäsiumsulfatlösung zu, reibt etwas mit einem Glasstab und läßt dann ruhig stehen. Nach wenigen Minuten — in sehr konzentrierten Lösungen sofort — beginnt die Abscheidung des Zäsiumalauns. Die Kristallform (Oktaeder) muß unbedingt unter dem Mikroskop nachgeprüft werden. (Vgl. Abbildung auf Tafel III.)

Erklärung: Alaune sind Doppelsalze der Sulfate eines einwertigen und eines dreiwertigen Elementes. Sie entsprechen der Allgemeinformel:

$$\overset{I}{Me}SO_4 \cdot \overset{III}{Me_2}(SO_4)_3 \cdot 24\,aq^1),$$

Me kann sein: $\overset{I}{K}$, Na, NH_4, Rb, Cs, Li, $\overset{I}{Tl}$,

Me kann sein: $\overset{III}{Al}$, $\overset{III}{Fe}$, Cr, $\overset{III}{Tl}$ u. a.

Alle Alaune kristallisieren in Oktaedern. Ihre Wasserlöslichkeit ist verschieden groß. Der „eigentliche" Alaun (Kalium-Aluminiumalaun) löst sich leicht, der Kalium-Chromalaun schwerer, der Zäsium-Aluminiumalaun noch schwerer.

Zink, Zn. *Bläulichweißes, sprödes, schweres Metall. (Spez. Gew. 6,9.) Vorkommen als Sulfid, ZnS (Zinkblende) und Karbonat $ZnCO_3$ (Galmei). Salze im allgemeinen weiß. In ihren Lösungen das farblose Ion $Zn^{..}$.*

Zink löst sich nicht nur unter Wasserstoffentwicklung in Säuren zu den entsprechenden Zinksalzen, sondern auch in (heißen) Alkalilaugen unter Wasserstoffentwicklung zu Zinkaten. Es ist also, wie Chrom und Aluminium, amphoter.

Vorproben auf Zink.

α) Zinksalze geben einen Beschlag von Zinkoxyd, ZnO, wenn man sie, gemischt mit etwas Natriumkarbonat (etwa 4—5fache Menge) auf einem Stückchen Holzkohle mit einer kleinen, spitzen Gebläseflamme oder mit der Lötrohrflamme stark erhitzt. (Man gräbt eine kleine Grube in der Holzkohle aus, gibt etwas von der Mischung hinein, feuchtet mit einem Tropfen Wasser an und erhitzt dann.) Sehr charakteristisch für Zinkoxyd ist seine Farbänderung mit der Temperatur: in der Hitze ist es gelb, bei gewöhnlicher Temperatur weiß. Der Oxydbeschlag entsteht in einiger Entfernung von der erhitzten Stelle.

β) Alle Zinksalze, die beim Glühen in Oxyd übergehen — also alle Salze des Zinks mit flüchtigen Säuren — geben beim Befeuchten mit wenig Kobaltnitrat und darauffolgendem Glühen ein grünes Kobaltzinkat — RINMANNS Grün.

---

¹) *Neuerdings wird häufig die Alaunformel $\overset{I}{Me}\overset{III}{Me}(SO_4)_2 \cdot 12\,aq$ gebraucht. Eine eindeutige Entscheidung zwischen beiden ist nicht zu erbringen. Übersichtlicher ist die erste.*

Anmerkung: Über die Ausführung und Bewertung der Probe vergleiche man das bei der Vorprobe auf Aluminium (Thénards Blau, S. 58) Gesagte.

Auch die unter a) angeführte Vorprobe wird zweckmäßiger als Identitätsprobe für eine bereits isolierte Zinkverbindung denn als Vorprobe benutzt.

Reaktionen auf Zn¨.

Zur Ausführung der Reaktionen nimmt man eine Lösung von Zinksulfat, $ZnSO_4 . 7\,H_2O$.

a) **Schwefelammonium** fällt weißes Zinksulfid, ZnS. Es ist in den Mineralsäuren leicht, in verd. Essigsäure (bei Gegenwart von Natriumazetat) dagegen praktisch unlöslich. Es neigt sehr dazu, kolloide Lösungen zu bilden, und, ähnlich wie Nickelsulfid, „durchs Filter zu laufen".

$$ZnSO_4 + (NH_4)_2S = ZnS + (NH_4)_2SO_4$$
$$Zn^{\cdot\cdot} + S'' \quad\quad = ZnS.$$

b) **Schwefelwasserstoff** bewirkt in mineralsauren Zinksalzlösungen **keine** Fällung, da die freiwerdende Mineralsäure infolge ihres hohen Dissoziationsgrades die Ionisation des Schwefelwasserstoffs so weit zurückdrängt, daß die Konzentration der S''-Ionen nicht mehr ausreicht, Zinkionen als Sulfid zu fällen. Z. B.:

$$ZnSO_4 + H_2S \;\rightleftarrows\; ZnS + H_2SO_4.$$

Verwendet man dagegen statt eines mineralsauren Zinksalzes essigsaures Zink, so wird, da die Essigsäure schwach dissoziiert ist und deshalb nur wenig $H^{\cdot}$-Ionen liefert, die Ionisation des Schwefelwasserstoffs nicht so stark zurückgedrängt. Folge: Die S''-Konzentration ist größer, Zinksulfid fällt teilweise aus. Gibt man noch weitere Essigsäurerestionen (Azetationen) in Gestalt von Natriumazetatlösung zu, so wird, nach dem Massenwirkungsgesetz, die Ionisation der Essigsäure durch den Zusatz gleichartiger Ionen noch weiter verringert. Folge: Die S''-Konzentration wächst noch mehr, Zinksulfid fällt **vollständig** aus.

Ausführung der Fällung:

Man säuert die zu prüfende Lösung mit verdünnter Essigsäure schwach an, gibt noch etwas Natriumazetatlösung zu und leitet in der auf S. 29 beschriebenen Weise Schwefelwasserstoff ein.

Anmerkung: Zinksulfid fällt bei gewöhnlicher Temperatur so feinflockig aus, daß es sich nur schlecht filtrieren läßt. Man fällt es deshalb zweckmäßig bei 50—60°. Der Niederschlag ist fast nie rein weiß, sondern meist gelbstichig grau. Ehe er sich richtig abgesetzt hat, kann er, zumal bei künstlichem Licht, leicht übersehen werden, da er anfänglich sehr durchscheinend ist.

c) **Alkalilaugen** fällen weißes, gallertiges, im Überschuß des Fällungsmittels zu Alkalizinkat lösliches Zinkhydroxyd, $Zn(OH)_2$. Z. B.:

$$ZnSO_4 + 2\,NaOH = Zn(OH)_2 + Na_2SO_4$$
$$Zn\ddot{} + 2\,OH' = Zn(OH)_2$$
$$Zn(OH)_2 + 2\,NaOH = Na_2ZnO_2 + 2\,H_2O$$
$$Zn(OH)_2 + 2\,OH' = ZnO_2'' + 2\,H_2O.$$

Die Alkalizinkatlösungen sind, wie die Aluminatlösungen, auch bei Siedehitze beständig, falls viel überschüssiges Alkali vorhanden ist.

d) **Ammoniak** fällt ebenfalls Zinkhydroxyd, das sich im Überschuß des Fällungsmittels unter Komplexsalzbildung löst:

$$ZnSO_4 + 2\,NH_4OH = Zn(OH)_2 + (NH_4)_2SO_4$$
$$Zn\ddot{} + 2\,OH' = Zn(OH)_2$$
$$Zn(OH)_2 + 4\,NH_4OH = [Zn(NH_3)_4](OH)_2 + 4\,H_2O.$$

e) **Natriumkarbonat** fällt ein in seiner Zusammensetzung von der Konzentration der Lösungen abhängendes Gemisch weißer basischer Zinkkarbonate.

f) **Ferrozyankalium** fällt weißes Ferrozyanzink, das in verdünnten Säuren unlöslich ist:

$$2\,ZnSO_4 + K_4[Fe(CN)_6] = Zn_2[Fe(CN)_6] + 2\,K_2SO_4$$
$$2\,Zn\ddot{} + [Fe(CN)_6]'''' = Zn_2[Fe(CN)_6].$$

Anmerkung: Trotz der großen Empfindlichkeit der Reaktion kann sie im Gang der Analyse nur mit großer Vorsicht benutzt werden, da Mangan so ähnlich reagiert, daß bei unsorgfältiger Trennung Zink durch Ferrozyanmangan vorgetäuscht werden kann.

Trennungsgang der Schwefelammoniumgruppe.

Von verschiedenen Wegen, die zur Trennung der Schwefelammoniumgruppe möglich sind, empfiehlt sich für den Anfänger am meisten die „Wasserstoffsuperoxydmethode". Über andere Trennungsgänge (z. B. Ammoniak- und Bariumkarbonatmethode), sowie über die analytische Behandlung einiger zur Schwefelammoniumgruppe gehörender seltenerer Stoffe (Uran, Titan,

Cer- und Yttererden) unterrichte man sich nach erlangter Sicherheit im Analysieren aus den im Vorwort genannten Spezialwerken.

Theorie der Wasserstoffsuperoxydmethode.

Die Wasserstoffsuperoxydmethode beruht darauf, daß die mit Schwefelammonium als Sulfide bzw. Hydroxyde ausgefällten und durch Salzsäure in die entsprechenden Chloride übergeführten Metalle mit stark natronalkalischem Wasserstoffsuperoxyd behandelt werden. Hierbei fallen Nickel, Kobalt, Eisen und Mangan als Hydroxyde aus, während die amphoteren Metalle Chrom, Aluminium und Zink als Chromit[1]), Aluminat und Zinkat gelöst bleiben und ins Filtrat gelangen.

Der Hydroxydniederschlag wird dadurch getrennt, daß man ihn abermals in Chloride verwandelt und die Chloridlösung mit ammoniakalischem Wasserstoffsuperoxyd behandelt. Dadurch fallen Eisen und Mangan als Hydroxyde aus, Nickel und Kobalt bleiben als Ammoniakkomplexsalze in Lösung.

Die Trennung von Chrom, Aluminium und Zink erfolgt auf Grund der verschiedenen Beständigkeit von Chromiten, Aluminaten und Zinkaten gegenüber Ammoniumhydroxyd. Na-Aluminat wird durch Ammoniumhydroxyd in Natronlauge und Aluminiumhydroxyd gespalten, während Natriumzinkat beständig ist. Chrom wird als Chromat nachgewiesen. (Vgl. Fußnote.)

Ausfällen der Schwefelammoniumgruppe.

Die gelöste Analysensubstanz, bzw. bei Gesamtanalysen das Filtrat der Schwefelwasserstoffgruppe, wird mit Chlorammoniumlösung und darauf mit Ammoniak bis zur deutlich alkalischen Reaktion versetzt. Ein dabei entstehender Niederschlag kann unberücksichtigt bleiben. (Das Chlorammonium hat den Zweck, etwaiges Magnesium in Lösung zu halten. Vgl. dort, S. 82.) Nun gibt man Schwefelammonium zu, vermeidet aber einen großen Überschuß, damit nicht einige Sulfide, namentlich Nickelsulfid, kolloid werden und durchs Filter laufen.

Sollte dieser Übelstand eintreten, so gibt man zum Filtrat einige Gramme festes Chlorammonium und einige Schnitzel Filtrierpapier, und kocht unter gelegentlichem Umrühren so lange, bis das Sol ausgeflockt ist — was unter Umständen ziemlich lange dauern kann. Oder aber man dampft das Filtrat beinahe zur Trockne (bis es teigige Beschaffenheit angenommen

---

[1]) Das Alkalichromit wird dabei durch das Wasserstoffsuperoxyd zu gelbem Alkalichromat oxydiert.

hat) und nimmt mit schwach ammoniakalisch gemachtem Wasser auf.

Um den Schwefelamoniumniederschlag in einer gut filtrierbaren Form zu erhalten, fällt man bei erhöhter Temperatur (50—60°). Ein Überschuß an Schwefelammonium wird dadurch vermieden, daß man einen Tropfen Bleiazetatlösung und einen Tropfen der Analysenlösung in 1 cm Entfernung voneinander auf ein Stückchen Filtrierpapier tupft. Sobald eine Spur Schwefelammonium im Überschuß vorhanden ist, bildet sich an der Stelle, an der die beiden Flüssigkeitszonen in Berührung geraten, ein brauner bis schwarzer Rand von Bleisulfid. Die kleine Mühe dieser „Tüpfelprobe" spart viel Zeit beim Filtrieren.

Trennung des Niederschlags nach der Wasserstoffsuperoxydmethode.

Der Niederschlag, der NiS, CoS, FeS, Fe_2S_3, MnS, $Al(OH)_3$, $Cr(OH)_3$ und ZnS enthalten kann, wird mit etwas *lauwarmem, schwefelammoniumhaltigem* Wasser ausgewaschen und in *eine* Porzellanschale geklatscht. Man erwärmt mit wenig konzentrierter Salzsäure und gibt, falls sich nicht alles löst, noch ein paar Tropfen konzentrierte Salpetersäure zu. Dadurch löst sich alles zu den entsprechenden Chloriden, während der Schwefel der Sulfide größtenteils zu Schwefelsäure oxydiert wird; eine geringe Menge pflegt sich elementar abzuscheiden. Man dampft unter dem Abzug die überschüssige Säure weg, bis der Rückstand nur noch schwach feucht ist (starkes Erhitzen oder gar Glühen ist zu vermeiden, da sonst unlösliche Metalloxyde entstehen können), nimmt mit wenig Wasser auf und befreit die Lösung durch Filtrieren von abgeschiedenem Schwefel. Das so erhaltene klare Filtrat wird mit konzentrierter Natriumkarbonatlösung versetzt, bis alle freie Säure abgestumpft ist. Man erkennt diesen Punkt daran, daß der durch Zugabe des Karbonats entstehende Niederschlag nicht mehr in Lösung geht. Man bringt ihn durch Zusatz weniger Tropfen verdünnter Salzsäure wieder zum Verschwinden und hat nun eine nahezu neutrale Lösung der Chloride der Metalle der Schwefelammoniumgruppe. In einer zweiten geräumigen Porzellanschale erwärmt man eine Mischung von gleichen Teilen $3\,^0/_0$igem Wasserstoffsuperoxyd und $20\,^0/_0$iger, frisch bereiteter Natronlauge auf etwa 50°. (Das Volumen des Gemisches soll etwa viermal so groß sein wie das der Chloridlösung.) Nun gießt man die Lösung der Chloride, unter stetem Umrühren mit einem Glasstab, in das Gemisch. Es ist äußerst wichtig, daß man sich nach dieser

Operation davon überzeugt, daß der Schaleninhalt noch stark alkalisch reagiert. Sollte er nur schwach alkalisch oder gar sauer reagieren, so muß noch genügend Natronlauge zugegeben werden.

Es fallen aus: $Co(OH)_3$, $Ni(OH)_2$, $Fe(OH)_3$ und $MnO(OH)_2$. Man filtriert den Niederschlag (a) ab, wäscht ihn sorgfältig mit heißem Wasser aus und klatscht ihn in ein Porzellanschälchen.

Das Filtrat (b) enthält Aluminium, Chrom und Zink als AlO_3''', CrO_4'' und ZnO_2''.

Behandlung des Niederschlages (a):

Der abgeklatschte Niederschlag wird in wenig konzentrierter Salzsäure gelöst. Man neutralisiert vorsichtig mit verdünntem Ammoniak (Abzug!) bis die Lösung nur noch schwach sauer ist und gießt sie unter Umrühren in eine angewärmte Mischung gleicher Raumteile von Wasserstoffsuperoxyd ($3^0/_0$) und konzentriertem Ammoniak. Es fallen aus: $Fe(OH)_3$ und $MnO(OH)_2$, während Nickel und Kobalt als Komplexe $[Ni(NH_3)_6]''$ und $[Co(NH_3)_6]'''$ in Lösung bleiben. Man filtriert den Niederschlag (c) ab und wäscht ihn aus. Das Filtrat (d) wird einstweilen zurückgestellt.

Der Niederschlag (c) kann Eisen und Mangan enthalten. Zum Nachweis der beiden Elemente löst man einen Teil in verdünnter Salzsäure und gibt einen Tropfen Rhodanammoniumlösung zu. Bei Anwesenheit von Eisen tritt tiefrote Färbung Fe von Eisen(3)rhodanid auf. Identitätsprobe: Ein anderer Teil der Lösung muß mit Kaliumferrozyanidlösung einen Niederschlag von Berlinerblau geben.

Anmerkung: Beide Reaktionen auf Fe''' sind so empfindlich, daß sie oft schon schwach positiv ausfallen, wenn Eisen nicht Bestandteil der Analyse, sondern nur Verunreinigung ist.

Mit einem anderen Teil des Niederschlags (c) macht man die Soda-Salpeterschmelze (S. 52, β). Tiefgrüne bis schwarze Färbung der Schmelze zeigt Mangan an. Zum Identitätsnachweis kocht man eine kleine Menge des in Salpetersäure gelösten Nieder- Mn schlags (c) mit Bleidioxyd. Nach dem Absetzen des Niederschlags muß die Lösung durch das Permanganation MnO_4'' violett gefärbt sein (S. 53, d).

Behandlung des Filtrats (d). (Nachweis von Nickel und Kobalt.)

Das Filtrat (d) wird in einem Porzellanschälchen zur Trockne gedampft und unter dem Abzug mit wenigen Tropfen rauchender Salpetersäure zur Zerstörung der Komplexsalze abgeraucht. Mit dem trocknen Rückstand stellt man eine Perlprobe an. Co Blaue Färbung der Boraxperle zeigt Kobalt an.

Der Rückstand wird in einigen Tropfen verdünnter Salzsäure gelöst. Die Hälfte dieser Lösung wird mit Ammonrhodanid und Amylalkohol auf Kobalt geprüft (S. 49, f). Die andere Hälfte wird ammoniakalisch gemacht, bis sich ein anfänglich entstehender Niederschlag wieder löst und nach S. 46, f mit Ni TSCHUGAEFFs Reagens auf Nickel geprüft.

Anmerkung: Das TSCHUGAEFFsche Reagens reagiert mit Kobaltverbindungen ebenfalls, und zwar, in ammoniakalischer Lösung, unter Auftreten einer tief gelbroten bis braunen Färbung. Ein nennenswerter Niederschlag entsteht nicht.

Nickelsalze enthalten oft Spuren von Kobaltsalzen, und umgekehrt. Kleine Mengen von $Co^{..}$ findet man, auch neben viel Nickel, durch die Rhodanreaktion (S. 49, f). Kleine Mengen von Nickel neben viel Kobalt kann man folgendermaßen finden: Man löst den Trockenrückstand des Filtrats (d) in wenig Wasser, filtriert und versetzt die Lösung mit Ammoniak, bis der zunächst entstehende Niederschlag wieder gelöst ist. Nun gibt man etwas Wasserstoffsuperoxyd zu und kocht fünf Minuten lang. Die siedende Lösung wird mit dem gleichen Volumen alkoholischer Lösung von TSCHUGAFFFs Reagens versetzt. Auf Zugabe einiger Tropfen Ammoniak (falls nötig; die Lösung soll schwach nach Ammoniak riechen) scheidet sich der charakteristische rote Niederschlag ab. Bei sehr geringen Mengen von Nickel dauert es einige Zeit, und man erhält nur ein rotes Häutchen, das die Flüssigkeit bedeckt und sich an den Glaswänden hinaufzieht.

Behandlung des Filtrats (b). (Nachweis von Aluminium, Chrom und Zink.)

Ein Teil des Filtrats (b) wird vorsichtig mit Salzsäure angesäuert (Probe mit Lakmuspapier!) und dann mit Ammoniak alkalisch gemacht. (Vorsicht! Starken Überschuß an Salzsäure vermeiden.) Erhitzt man nun zum Sieden, so fällt Aluminium- Al hydroxyd aus. Man filtriert es ab, wäscht es aus und identifiziert es mit Zäsiumsulfat (S. 59, d).

Die Anwesenheit von Chrom gibt sich schon durch die Gelbfärbung des Filtrats (b) zu erkennen. Man säuert wenige Cr ccm mit verdünnter Schwefelsäure an, überschichtet mit Äther und gibt Wasserstoffsuperoxyd zu. Blaufärbung des Äthers nach dem Durchschütteln zeigt Chrom an (S. 57 d).

Der Rest des Filtrats b wird mit verdünnter Essigsäure angesäuert (Lackmuspapierprobe!) und mit etwas Natriumazetatlösung versetzt. Beim Einleiten von Schwefelwasserstoff in die angewärmte Lösung fällt Zinksulfid aus. Man filtriert ab, wäscht mit schwefelwasserstoffhaltigem Wasser aus, teilt den Niederschlag in zwei Teile und macht mit dem einen die RINMANN-sche Grünprobe; falls diese nicht eindeutig ausfällt, löst man den anderen Teil in verdünnter Salzsäure, fällt mit Natronlauge Zinkhydroxyd aus (Lauge tropfenweise zugeben!) und überzeugt sich, daß es sich im Überschuß von Lauge wieder löst. Zn

Anmerkung: Aluminium kann oft mit der Natronlauge in die Analyse gelangen. Man muß deshalb durch einen blinden Versuch feststellen, welche Aluminiumhydroxydmengen man aus dem in der Analyse verwandten Volumen Lauge allein erhält und dann schätzen, ob im Gang der Analyse mehr ausfällt.

Zink wird sehr leicht nicht aufgefunden. Der Fehler liegt gewöhnlich daran, daß die Lösung des Schwefelammoniumniederschlags in nicht genügend alkalisches Wasserstoffsuperoxyd gegossen bzw. daß sie nicht genügend abgestumpft wurde. In beiden Fällen reicht das vorhandene Alkali nicht zur Bildung von Zinkat aus, so daß das Zink, statt in das Filtrat, in den Niederschlag gelangt. Auch die Ausfällung des Zinks muß sorgfältig vorgenommen werden, wenn sie nicht zu Mißerfolgen führen soll. Über die Vortäuschung von Zink durch Mangan vgl. S. 62 unter f).

Die Gruppe IV (Erdalkaligruppe).

Ca, Ba, Sr (Ra).

Gruppenreagens: Ammoniumkarbonat.

Kalzium, Ca. *Leichtmetall, weiß, leicht oxydierbar. Vorkommen: als Karbonat, $CaCO_3$ (Marmor, Kreide, Kalkstein), Sulfat, $CaSO_4 . 2 aq$, (Gips), als Kalzium-Magnesiumkarbonat $CaCO_3 . MgCO_3$ (Dolomit). Als Phosphat ist es wesentlicher Bestandteil der Knochen. Salze meist wasserlöslich und farblos. In ihren Lösungen das farblose Ion $Ca\ddot{}$.*

Vorprobe auf Kalzium.

Kalziumverbindungen erteilen der nicht leuchtenden Bunsenflamme eine sehr charakteristische, rotgelbe Färbung, die durch das Spektroskop in verschiedene Linien und Bänder zerlegt wird, von denen eine rote und eine grüne Linie besonders hervortreten. (Wellenlänge: 622 bzw. 553 $\mu\mu$.)

Die Ausführung der Probe geschieht so, daß man den ausgeglühten Platindraht (bzw. das Magnesiastäbchen) in die zu untersuchende Lösung taucht (bzw. eine Spur der festen Substanz anbacken läßt) und ihn dann in den äußeren Saum der entleuchteten Bunsenflamme, und zwar in den kältesten Teil, hart am Brennerrohr, bringt.

Für die Kalziumflamme sehr charakteristisch ist, außer der Farbe, ein gewisses Flackern und das Aufblitzen heller gefärbter Streifen.

Anmerkung: Je flüchtiger eine Verbindung, desto leichter läßt sich die Flammenfärbung erzielen. Man löst also entweder die zu untersuchende Masse in Salzsäure, oder man befeuchtet sie am Platindraht bzw. Magnesiastäbchen damit, ehe man sie in die Flamme bringt. Platindrähte müssen in einen Glasstab eingeschmolzen und vor Gebrauch gut in der Flamme ausgeglüht sein, um sie von Natriumverbindungen zu befreien, da diese selbst in den unwägbarsten Spuren die Flamme so stark gelb färben, daß jede andere Färbung überdeckt wird. Bei Nichtgebrauch hebt man den Platindraht in einem Reagensglas mit etwas konzentrierter Salzsäure auf. Magnesiastäbchen werden durch Säuren zerstört. Für jede Probe muß ein neues, ausgeglühtes Stück Magnesiastab verwendet werden.

Reaktionen auf Ca¨.

Zur Ausführung der Reaktionen nimmt man eine Lösung von Kalziumchlorid, $CaCl_2 . 6 H_2O$.

a) **Ammoniumkarbonat** fällt weißes, in Wasser unlösliches, in Säuren lösliches Kalziumkarbonat.

$$CaCl_2 + (NH_4)_2CO_3 = CaCO_3 + 2 NH_4Cl$$
$$Ca¨ + CO_3'' \qquad = CaCO_3 .$$

Anmerkung: Es ist zweckmäßig, die Fällung erst nach Zugabe von wenigen Tropfen Ammoniak und in der Siedehitze vorzunehmen. Starker Überschuß an Ammoniak kann die Fällung verhindern.

Begründung: Das gewöhnliche Ammoniumkarbonat entsprich nicht der Formel $(NH_4)_2CO_3$, sondern ist meist ein Gemenge von saurem Ammoniumkarbonat, NH_4HCO_3 und Ammoniumkarbamat (karbaminsaures Ammonium, das Ammoniumsalz $NH_2 . C{<}{<}^{O}_{O(NH_4)}$ der Karbaminsäure $NH_2 . C{<}{<}^{O}_{OH}$). Das saure Ammoniumkarbonat geht mit Ammoniak in das normale Karbonat über:

$$NH_4HCO_3 + NH_4OH = (NH_4)_2CO_3 + H_2O$$

und das Ammoniumkarbamat nimmt in der Siedehitze Wasser auf und wird dadurch ebenfalls zu Ammoniumkarbonat:

$$(NH_4)ONH_2CO + H_2O = (NH_4)_2CO_3 .$$

b) **Verdünnte Schwefelsäure** (und wasserlösliche Sulfate) fällen aus nicht zu verdünnten Lösungen weißes Kalziumsulfat, $CaSO_4$.

$$CaCl_2 + H_2SO_4 = CaSO_4 + 2\,HCl$$
$$Ca^{\cdot\cdot} + SO_4'' = CaSO_4.$$

Kalziumsulfat ist in Wasser nicht unbeträchlich löslich (etwa 2 g im Liter bei Zimmertemperatur.) Ferner löst es sich in konzentrierten Ammoniumsulfatlösungen.

c) **Ammoniumoxalat** fällt weißes Kalziumoxalat, das in Wasser und Essigsäure praktisch unlöslich, leicht löslich dagegen in Salz- und Salpetersäure ist.

$$CaCl_2 + (NH_4)_2C_2O_4 = CaC_2O_4 + 2\,NH_4Cl$$
$$Ca^{\cdot\cdot} + C_2O_4'' = CaC_2O_4.$$

Anmerkung: Die Reaktion ist ungemein empfindlich und das Aussehen des Niederschlags im Augenblick des Ausfallens sehr charakteristisch: wolkig-durchscheinend,

Strontium, Sr. *Silberweißes Leichtmetall. Sehr leicht oxydierbar. Vorkommen: als Karbonat, $SrCO_3$, (Strontianit) und Sulfat $SrSO_4$ (Zölestin). Salze meist wasserlöslich und weiß. In ihren wässerigen Lösungen das farblose Ion $Sr^{\cdot\cdot}$.*

Vorprobe auf Strontium.

Flüchtige Strontiumverbindungen erteilen der Bunsenflamme eine karminrote Färbung, die vom Spektroskop in verschiedene Linien im roten und blauen Spektralbezirk zerlegt wird. Sehr charakteristisch ist eine Linie in rotgelb (Wellenlänge 604 $\mu\mu$) und eine hellblaue Linie (Wellenlänge 461 $\mu\mu$).

Reaktionen auf $Sr^{\cdot\cdot}$.

Zur Ausführung der Reaktionen nimmt man eine Lösung von Strontiumchlorid, $SrCl_2 . 6\,H_2O$.

a) **Ammoniumkarbonat** fällt weißes Strontiumkarbonat, $SrCO_3$ Es ist in Wasser praktisch unlöslich, in Säuren löslich.

$$SrCl_2 + (NH_4)_2CO_3 = SrCO_3 + 2\,NH_4Cl$$
$$Sr^{\cdot\cdot} + CO_3'' = SrCO_3.$$

b) **Lösliche Sulfate und Schwefelsäure** fällen weißes, kristallinisches Strontiumsulfat, $SrSO_4$, das in Wasser in Spuren (1 : 9000), leichter in heißer konzentrierter Salzsäure löslich ist.

$$SrCl_2 + H_2SO_4 = SrSO_4 + 2\,HCl$$
$$Sr^{\cdot\cdot} + SO_4'' = SrSO_4.$$

Anmerkung: Trotzdem Kalziumsulfat im Wasser nur schwer löslich ist, fällt es doch, hinsichtlich seiner Reaktion gegenüber Sr˙˙, unter den Sammelbegriff „lösliche Sulfate". Da Strontiumsulfat noch schwerer löslich ist als Kalziumsulfat, reicht die SO_4''-Ionen-Konzentration einer gesättigten Kalziumsulfatlösung („Gipswasser") aus, um bei Gegenwart von Strontiumionen $SrSO_4$ zu bilden. Gipswasser ist also ein Reagens auf Strontiumionen. Aus heißen, konzentrierten Strontiumsalzlösungen fällt bei Zusatz von Gipswasser sofort, aus verdünnteren nach einiger Zeit, Strontiumsulfat aus.

c) **Ammoniumoxalat** fällt weißes Strontiumoxalat, SrC_2O_4, das in Wasser und Essigsäure kaum, dagegen in Salz- und Salpetersäure löslich ist. Sehr empfindliche Reaktion.

$$SrCl_2 + (NH_4)_2C_2O_4 = SrC_2O_4 + 2\,NH_4Cl$$
$$Sr\ddot{} + C_2O_4'' \qquad = SrC_2O_4\,.$$

d) **Kaliumchromat** fällt aus konzentrierten neutralen Strontiumsalzlösungen gelbes, in büschelartig angeordneten Nadeln oder kleinen, stark lichtbrechenden Kügelchen kristallisierendes Strontiumchromat, $SrCO_4$:

$$SrCl_2 + K_2CrO_4 = SrCrO_4 + 2\,KCl$$
$$Sr\ddot{} + CrO_4'' \ = SrCrO_4\,.$$

Mikroskop! Vgl. Abbildungen auf der mikrophotographischen Tafel III und IV.

Barium, Ba. *Weißes, sich leicht oxydierendes Metall. Vorkommen: Als Karbonat, $BaCO_3$, (Witherit,) und Sulfat, $BaSO_4$, (Schwerspat). Salze meist weiß und wasserlöslich. In ihren wässerigen Lösungen das farblose Ion Ba˙˙.*

Vorprobe auf Ba.

Flüchtige Bariumverbindungen färben die Bunsenflamme gelbgrün. Im Spektroskop zeigen sich viele Linien und Banden, von denen besonders 2 grüne Linien (Wellenlänge 524 und 514 $\mu\mu$) gut erkennbar sind.

Reaktionen auf Ba˙˙.

Zur Ausführung der Reaktionen nimmt man eine Lösung von Bariumchlorid, $BaCl_2 . 2\,H_2O$.

a) **Ammoniumkarbonat** fällt weißes Bariumkarbonat, $BaCO_3$. Bariumkarbonat ist in Wasser in Spuren, leichter in Ammoniumchlorid löslich. (Wichtig, da in verdünnten, stark ammoniumchloridhaltigen Lösungen Ba˙˙ durch Ammoniumkarbonat nicht ausgefällt werden kann.) Leicht löslich in Salz- und Salpetersäure.

$$BaCl_2 + (NH_4)_2CO_3 = BaCO_3 + 2\,NH_4Cl$$
$$Ba^{..} + CO_3'' \qquad = BaCO_3.$$

b) **Lösliche Sulfate und (verdünnte) Schwefelsäure** fällen weißes Bariumsulfat, $BaSO_4$:

$$BaCl_2 + H_2SO_4 = BaSO_4 + 2\,HCl$$
$$Ba^{..} + SO_4'' \quad = BaSO_4.$$

Anmerkung: Arbeitet man bei gewöhnlicher Temperatur, so fällt der Niederschlag so feinpulverig aus, daß er durch das Filter läuft. Fällt man dagegen siedend heiße Bariumsalzlösung mit siedend heißer verdünnter Schwefelsäure (oder Sulfatlösung), so wird der Niederschlag kristallinisch, setzt sich gut ab und läßt sich gut filtrieren.

Bariumsulfat ist in Wasser noch außerordentlich viel schwerer löslich als Strontiumsulfat, nämlich im Verhältnis $1:436\,700$. Infolgedessen reicht selbst die sehr geringe SO_4''-Ionenkonzentration einer Strontiumsulfatlösung noch aus, um $Ba^{..}$ als $BaSO_4$ auszufällen. Strontiumsulfat fällt also in bezug auf die Reaktion zwischen $Ba^{..}$ und SO_4'' unter den Begriff „lösliche Sulfate" und ist eine Reagens auf $Ba^{..}$.

c) **Ammoniumoxalat** fällt weißes, in Wasser kaum, in Mineralsäuren und (siedend heißer) Essigsäure lösliches Bariumoxalat, BaC_2O_4:

$$BaCl_2 + (NH_4)_2C_2O_4 = BaC_2O_4 + 2\,NH_4Cl$$
$$Ba^{..} + C_2O_4'' \qquad = BaC_2O_4.$$

d) **Kaliumchromat** fällt, auch aus verdünnten, neutralen Lösungen, gelbes Bariumchromat, $BaCrO_4$, das in Wasser und Essigsäure kaum, in Salz- und Salpetersäure leicht löslich ist.

$$BaCl_2 + K_2CrO_4 = BaCrO_4 + 2\,KCl$$
$$Ba^{..} + CrO_4'' = BaCrO_4.$$

e) **Kaliumbichromat** fällt ebenfalls gelbes Bariumchromat. (Unterschied von $Sr^{..}$.) Vollständig verläuft die Reaktion aber nur bei Gegenwart von Natriumazetat.

$$2\,BaCl_2 + K_2Cr_2O_7 + H_2O + 2\,CH_3CO_2Na$$
$$= 2\,BaCrO_4 + 2\,KCl + 2\,NaCl + 2\,CH_3.CO_2H$$
$$2\,Ba^{..} + Cr_2O_7'' + 2\,CH_3CO_2' + H_2O = 2\,BaCrO_4 + 2\,CH_3.CO_2H.$$

Erklärung: Das Dichromation Cr_2O_7'' reagiert mit Wasser z. T. im Sinn der Gleichung:

$$Cr_2O_7 + H_2O \rightleftharpoons 2\,CrO_4'' + 2\,H^{\cdot}\,.$$

Hierbei entstehen Wasserstoffionen. Diese wirken umgekehrt auf das durch die Chromationen ausgefällte Bariumchromat ein:

$$2\,BaCrO_4 + 2\,H^{\cdot} \rightarrow 2\,Ba^{\cdot\cdot} + Cr_2O_7'' + H_2O\,,$$

d. h. ein Teil des Bariumchromats geht als Dichromat wieder in Lösung. Gibt man aber Natriumazetat zu, so macht man die Wasserstoffionen unwirksam, weil sie mit den Azetationen zu kaum dissoziierender Essigsäure zusammentreten.

$$(Na^{\cdot}) + CH_3CO_2' + H^{\cdot} = HCH_3CO_2\,(+ Na^{\cdot})\,.$$

In diesem Fall fällt also Bariumchromat vollständig aus.

Man kann demnach $Ba^{\cdot\cdot}$ von $Sr^{\cdot\cdot}$ dadurch trennen, daß man die betr. Lösung mit Essigsäure ansäuert (um $Sr^{\cdot\cdot}$ in Lösung zu halten), deren Azidität durch Zugabe von Natriumazetat zurückdrängt (vgl. bei Zink, S. 61) und dann das $Ba^{\cdot\cdot}$ mit Kaliumbichromat ausfällt.

Ausfällung und Trennungsgang der Erdalkaligruppe.

Zur Ausfällung der Erdalkaligruppe versetzt man die zu untersuchende Lösung bzw. das Filtrat der Schwefelammoniumgruppe mit etwas Ammoniumchlorid (starker Überschuß ist zu vermeiden) und Ammoniak, erhitzt auf mindestens 60⁰ und fällt mit heißer Ammoniumkarbonatlösung. Man läßt kurz aufkochen, filtriert den Erdalkalikarbonatniederschlag[1]) ab, wäscht ihn gut mit heißem Wasser aus und klatscht ihn in eine Porzellanschale ab. Dann behandelt man ihn weiter nach einer der folgenden Methoden.

Voruntersuchung.

Eine Probe des in eine Porzellanschale geklatschten Karbonatniederschlags wird auf ein Uhrglas gebracht, in wenigen Tropfen verdünnter Essigsäure gelöst und mit etwas Natrium-

---

[1]) *Im Gang einer Analyse erhält man oft nur einen sehr geringen Erdalkalikarbonatniederschlag, trotzdem verhältnismäßig viel Erdalkalien ursprünglich vorhanden waren. Dies liegt meist daran, daß man vorher, z. B. beim Ausfällen der Schwefelammoniumgruppe, statt reinen Ammoniaks, karbonathaltiges Ammoniak (CO_2 aus der Luft!) anwandte, wodurch natürlich schon an dieser Stelle ein Teil der Erdalkalien ausgefällt wurde. Man denke auch daran, daß Erdalkalikarbonate im Ammoniumchlorid merklich löslich sind. Falls viel Ammoniumsalze vorhanden sind, dampft man das Filtrat vor der Ausfällung der Erdalkalien zur Trockne, verglüht die Ammoniumsalze (S. 83) löst den Rückstand in Wasser, macht schwach ammoniakalisch und fällt dann die Erdalkalien aus.*

azetatlösung versetzt. Erhält man auf Zusatz einiger Tropfen Kaliumbichromatlösung einen gelben Niederschlag von Bariumchromat, so ist Ba vorhanden. In diesem Fall trennt man wie unter I angegeben.

Eine weitere Probe des Karbonat-Niederschlags wird, falls die Untersuchung auf $Ba^{..}$ negativ ausfällt, in wenig verdünnter Salzsäure gelöst, vorsichtig zur Trockne gedampft (auf dem Wasserbad! Nicht glühen!) und mit einigen Tropfen Wasser aufgenommen. Die Lösung der Chloride wird mit einem reichlichen Überschuß an Gipswasser versetzt (etwa die vierfache Menge). Entsteht nach einiger Zeit ein weißer Niederschlag von Erdalkalisulfat, so ist $Sr^{..}$ ebenfalls vorhanden, $Ca^{..}$ kann vorhanden sein. (Ausfallen von $CaSO_4$ durch Übersättigung der Lösung mit $Ca^{..}$.) Trennung in diesem Fall nach II.

Anmerkung: Falls mit Gipswasser sofort ein Niederschlag entsteht, so ist dies beweisend für die Anwesenheit von $Ba^{..}$. Der $SrSO_4$-Niederschlag entsteht oft erst, nachdem man etwas mit dem Glasstab an der Wand des Reagensglases gerieben hat.

Trennungsgang der Erdalkalien.

Wegen der Ähnlichkeit der Reaktionen der Erdalkalimetalle ist ihre Trennung nicht leicht. Nur sauberstes und peinlich genaues Arbeiten schützt vor Mißerfolgen.

Zur Trennung der Erdalkalien kann man entweder die Tatsache benutzen, daß Kalziumnitrat in absolutem, Strontium- und Kalziumchlorid in verdünntem $(70^0/_0)$ Alkohol löslich ist, während Bariumchlorid von verdünntem Alkohol nicht gelöst wird; oder man macht Gebrauch von der Eigenschaft des Barium chromats, auch in essigsaurer Lösung auszufallen, wodurch es von $Sr^{..}$ getrennt werden kann, das seinerseits mit $SO_4^{''}$ als Sulfat gefällt werden kann. Die erste Methode nennt man die Chlorid-Nitratmethode, die zweite die Chromat-Sulfatmethode. Bei sehr sorgfältigem (!) Arbeiten leisten beide Gutes. Die Chlorid-Nitratmethode wird oft etwas rascher als die Chromat-Sulfatmethode sicher beherrscht. Deshalb sei zunächst diese beschrieben.

a) Chlorid-Nitratmethode.

I. Haben die Vorproben mit Kaliumbichromat bzw. Gipswasser die wahrscheinliche Anwesenheit der drei Erdalkalimetalle ergeben, so verfährt man wie folgt:

Der mit heißem Wasser gut ausgewaschene Erdalkali-Karbonatniederschlag wird in eine Porzellanschale geklatscht, in möglichst wenig verdünnter Salzsäure gelöst und die Lösung

vorsichtig zur Trockne gedampft. (Nicht glühen! Abzug!) Der
Rückstand der Chloride wird mit sehr wenig heißem Wasser
aufgenommen. Dann versetzt man die Lösung so lange tropfenweise mit absolutem Alkohol, bis kein kristallinischer Niederschlag von Bariumchlorid mehr entsteht. Man filtriert dann
Ba das abgeschiedene Bariumchlorid ab, wäscht es mit etwas absolutem Alkohol, und identifiziert es als solches mit Kaliumbichromat nach S. 71 unter e.

Im Filtrat vom Bariumchloridniederschlag kann noch Stron-
tium- und Kalziumchlorid enthalten sein. Man dampft es zunächst zur Trockne (Wasserbad!) und vergewissert sich dann,
daß nicht nennenswerte Mengen von Ba¨¨ mit durchgegangen
sind. Zu dem Zwecke wird eine kleine Probe des Trocken-
rückstandes in Wasser gelöst und mit Kaliumbichromat geprüft.
Findet man nennenswerte Mengen von Ba¨¨, so reibt man den
ganzen Chloridrückstand mit wenigen ccm warmem Alkohol
$(70\,^0/_0)$ an und filtriert nach kurzem Erwärmen und Umrühren.

Das Filtrat wird abermals zur Trockne gedampft, der Rückstand von Strontium- und Kalziumchlorid mit wenig Wasser
aufgenommen und in der Siedehitze durch tropfenweisen Zusatz von Ammoniumkarbonat gefällt. Der gut gewaschene
Karbonatniederschlag wird mit einigen Tropfen heißer, verdünnter Salpetersäure aus dem Filter herausgelöst (Überschuß
von HNO_3 vermeiden!) und die so erhaltene Erdalkalinitrat-
lösung zur Trockne gedampft. (Nicht glühen!) Der gut trockne
Nitratrückstand wird noch warm(!) mit etwa 10 ccm einer Mischung von gleichen Teilen absolutem Alkohol und Äther an-
gerieben. Dann saugt man von dem Rückstand $(Sr(NO_3)_2)$ ab
Sr und wäscht ihn mit dem Alkohol-Äthergemisch aus. Identifikation des Strontiumnitrats durch Kaliumchromat (S. 70, unter d)
und Flammenfärbung.

Das Filtrat enthält noch Kalziumnitrat. Man dampft zur
Ca Trockne, löst den Rückstand in wenigen Tropfen Wasser und
identifiziert ihn durch Flammenfärbung.

*Anmerkung: Wegen der großen Feuergefährlichkeit von Alkohol
und Äther und der Explosionsgefahr bei Ätherdampf-Luftgemischen
darf Alkohol und Äther nie über freier Flamme, sondern nur auf
dem Dampfbad abgedampft werden. Da Äther schon bei Zimmertemperatur stark flüchtig ist, dürfen Ätherflaschen nicht in die
Nähe von Flammen gebracht werden.*

II. Wenn die Vorproben Abwesenheit von Ba¨¨ ergeben haben,
so kann man natürlich die Behandlung der Chloride mit Alkohol weglassen. Man löst vielmehr den Erdalkalikarbonatniederschlag gleich in verdünnter Salpetersäure, dampft zur

Trockne und behandelt den gut trocknen, noch warmen Nitratrückstand mit Alkoholäthermischung wie oben (S. 74) angegeben.

b) Chromat-Sulfatmethode.

*Diese Trennungsmethode erscheint einfacher, als die vorige.
Indes macht sie in der Praxis verhältnismäßig oft Schwierigkeiten
beim Erlernen. Hinsichtlich der Ergebnisse sind beide gleichwertig.*

Der gut gewaschene Ammoniumkarbonatniederschlag wird
in ein Porzellanschälchen geklatscht und in verdünnter Essigsäure gelöst. Die mit Natriumazetat versetzte Lösung wird in
der Siedehitze tropfenweise mit Kaliumdichromatlösung versetzt, bis kein Bariumchromat mehr ausfällt. Man erhält einige   Ba
Minuten im Sieden und filtriert dann das Bariumchromat durch
ein gehärtetes Filter ab.

Ein kleiner Teil des bariumfreien Filtrats wird tropfenweise mit verdünntem Ammoniak bis zur alkalischen Reaktion
versetzt. Bei Anwesenheit von Sr·· fällt gelbes, in Essigsäure
lösliches Strontiumchromat. Hat man so das Vorhandensein
von Sr·· festgestellt, so versetzt man den Hauptteil des Filtrats
mit einer gesättigten Lösung von Ammoniumsulfat. Dadurch
wird alles Sr·· als weißes Strontiumsulfat gefällt. Ist sehr viel   Sr
Ca·· vorhanden, so wird auch ein Teil des Kalziums mit ausgefällt. Es bleibt aber noch immer so viel in Lösung, daß man
bei Zugabe von Ammonoxalatlösung zum Filtrat vom Strontium-
sulfatniederschlag weißes, kristallinisches Kalziumoxalat aus-   Ca
fällen kann. Mitunter entsteht der Niederschlag erst nach
einiger Zeit.

Falls kein Ba·· vorhanden ist, kann man natürlich gleich
die Probe auf Sr·· anstellen.

*Anmerkung: Beide Trennungsgänge sind keineswegs übermäßig
genau und zuverlässig. Aber sie reichen für die Zwecke der qualitativen Analyse in geübter Hand durchaus aus. Man unterlasse
aber niemals Identitätsproben durch Flammenfärbung (Substanz
mit Salzsäure befeuchten!)*

Behandlung unlöslicher Rückstände.

Die Sulfate der Erdalkalien sind ganz bzw. nahezu unlöslich. Hat man also gleichzeitig mit Erdalkalisalzen Sulfate in
der Analyse, so reagieren Erdalkali- und Sulfationen beim Auflösen der Analysensubstanz miteinander unter Bildung unlöslicher, weißer Erdalkalisulfate. Man erhält demnach einen „un-

löslichen Rückstand", der abfiltriert und besonders aufgearbeitet[7] werden muß.

Da ein solcher unlöslicher Rückstand keineswegs nur aus Erdalkalisulfaten zu bestehen braucht, sei hier gleich im Zusammenhang angegeben, welche Stoffe sonst noch in Frage kommen können und wie man sie „aufschließen", d. h. in lösliche Form überführen kann.

In einem unlöslichen Rückstand können enthalten sein:

1. **Weiße Stoffe:** Silberchlorid, Silberzyanid, Bleisulfat, Erdalkalisulfate, Kalziumfluorid, geglühtes Zinn- und Aluminiumoxyd (geglühtes Titanoxyd), Siliziumdioxyd bzw. Silikate.

2. **Farbige Stoffe:**
   a) gelb: Schwefel[1]), Silberbromid, Silberjodid, Bleichromat;
   b) braun: geglühtes Eisenoxyd;
   c) grün: geglühtes Chromoxyd;
   d) rot: roter Phosphor[2]);
   e) grau bis schwarz: elementares Silizium, Kohlenstoff, Chromeisenstein;
   f) wechselnd gefärbt: Metallsilikate.

Man sieht aus dieser Aufstellung, daß man niemals von vornherein behaupten kann, ein unlöslicher Rückstand sei *einheitlich*. Wie man ihm beikommen kann, ist von *Fall zu Fall* verschieden. Es gibt hier so wenig wie bei der Prüfung auf Säuren einen geregelten „Gang", sondern dort wie hier hilft nur ein entwickeltes „chemisches Gefühl" und gute Beobachtungsgabe. Die Weiterbehandlung eines unlöslichen Rückstands hängt vom Ausfall von Vorproben ab, die den Nachweis von Sulfaten, Silikaten und Fluoriden, sowie ein gewisses „Abtasten" des unbekannten Gemisches zum Ziel haben. Eine Strecke weit vermag oft schon den Befund bei dem löslichen Teil der Analyse, sowie die Färbung des unlöslichen Rückstands zu leiten. Kein vernünftiger Mensch wird z. B. einen rein weißen unlöslichen Rückstand auf Chromoxyd untersuchen oder die Probe auf Fluor unterlassen, wenn er im löslichen Teil Fluoride, womöglich zusammen mit Erdalkalien, gefunden hat.

Vorproben mit dem unlöslichen Rückstand.

a) Verhalten in der Flamme.

Man bringt eine kleine Probe am Magnesiastäbchen oder Platindraht in die Bunsenflamme.

---

[1]) Wird von Königswasser zu Schwefelsäure oxydiert.
[2]) Wird von Königswasser zu Phosphorsäure oxydiert.

Die Substanz verbrennt oder verglimmt: Kohlenstoff, Schwefel (Geruch nach SO_2!), Phosphor (Geruch nach Knoblauch!), Silizium.

Die mit einem Tropfen konz. Salzsäure befeuchtete Probe färbt die Flamme grün oder rötlich: Barium bzw. Strontium oder Kalzium.

b) Probe auf Sulfate. (Heparreaktion.)

Man erzeugt am Platindraht oder Magnesiastäbchen eine Sodaperle, tupft sie noch heiß in die zu untersuchende Substanz, schmilzt sie in der Bunsenflamme erneut zusammen und bringt sie dann in den Reduktionsraum (S. 45) der Bunsenflamme, wo man sie etwa 10 Sekunden im Glühen hält. Dann dreht man, ohne die Perle aus der Flamme zu bringen, den Brenner klein und senkt die Perle mit der Flamme, bis man sie schließlich, bei ganz kleiner Flamme, im Innern des Brennerrohrs im Leuchtgasstrom erkalten läßt. Dann erst löscht man die Flamme und nimmt die kalte Perle heraus. Nun zerdrückt man sie auf einer mit Ammoniak blank geputzten, mit einem Tropfen Wasser befeuchteten Silbermünze. Ein brauner bis schwarzer Fleck von Schwefelsilber zeigt die Anwesenheit von Sulfaten an.

Theorie der Heparprobe:

$$BaSO_4 + Na_2CO_3 = BaCO_3 + Na_2SO_4$$
$$Na_2SO_4 + 4\,H_2 \text{ (aus dem Leuchtgas)} = Na_2S + 4\,H_2O$$
$$Na_2S + 2\,Ag + H_2O + O \text{ (aus d. Luft)} = Ag_2S + 2\,NaOH.$$

Anmerkung: Die Probe ist sehr empfindlich. Da manche Arten von Leuchtgas Schwefelverbindungen enthalten, muß man mit Spiritusflamme und Lötrohr arbeiten, falls ein blinder Versuch positiv ausfällt.

c) Probe auf Silikate, siehe S. 120.

d) Probe auf Fluoride, siehe S. 107.

e) Probe auf Zyanide, siehe S. 39.

f) Probe auf geglühte Oxyde.

1. Boraxperle: gelb deutet auf Fe_2O_3, grün auf Cr_2O_3.

2. Reduktion mit Kohle und Soda. („Kohle-Sodastäbchenprobe".) Ein Stückchen nicht imprägniertes Holz (also kein Streichholz) wird in der Weise mit Soda behandelt, daß man es etwa 3 cm weit mit geschmolzener Kristallsoda bestreicht. Zu dem Zweck schmilzt man einen großen Sodakristall in der

Bunsenflamme und bestreicht das Hölzchen mit der Schmelze. (Man kann den Kristall ruhig in der Hand halten und handhaben, wie etwa eine Siegellackstange.) Der vordere Teil des Hölzchens wird in der Bunsenflamme verkohlt. Etwa glimmende Stellen müssen sofort mit Soda überstrichen werden. Eine stecknadelkopfgroße Substanzmenge wird mit einer gleichen Menge geschmolzener Soda zu einer weichen Masse geformt, an die Spitze des erwärmten Stäbchens gebracht und in der Reduktionsflamme erhitzt, wie bei der Heparprobe angegeben. [Nötigenfalls wird erst im heißesten Teil der Flamme bis zum Aufschäumen (Entwicklung von CO_2) erhitzt und dann erst reduziert.] Das Ende des Stäbchens wird im Mörser zerrieben, worauf man das leichte Kohlepulver mit etwas Wasser wegschwemmt, das gleichzeitig die überschüssige Soda löst. Ein dehnbares Metallkorn deutet, falls es sich in Salpetersäure glatt löst, auf Silber oder Blei, falls es mit Salpetersäure einen weißen, pulverigen Rückstand gibt, auf Zinn. Eisen gibt kleine, nicht sichtbare, aber mit dem Magneten abtrennbare Metallflitterchen. Alle Metalle können mit den entsprechenden Proben (siehe z. B. S. 49 für Eisen usw.) identifiziert werden.

Anmerkung: Die Probe erfordert einige Übung, zumal wenn man schöne Metallkörner erzielen will. Zum Nachweis geglühten Zinndioxyds leistet sie gute Dienste.

Halogenide des Silbers lösen sich |in Kaliumzyanid zu Komplexsalzen, Bleisulfat löst sich in ammoniakalischer Weinsäure. Man wird sich dieser Tatsachen in geeigneten Fällen erinnern und die betreffenden Auszüge auf Ag¨ bzw. Pb¨ prüfen. Kohlenstoff kann an seiner Unlöslichkeit in allen Lösungsmitteln — auch alkalischen — und an seinem Verbrennungsprodukt — CO_2 — erkannt werden. Silizium löst sich unter Wasserstoffentwicklung in starken Alkalilaugen (siehe S. 98), Schwefel — schon an der Farbe, Brennbarkeit und dem dabei auftretenden Geruch nach SO_2 kenntlich — löst sich in Schwefelkohlenstoff. (Vorsicht! Sehr feuergefährlich und giftig!) Phosphor wird von konz. Salpetersäure leicht zu Phosphorsäure oxydiert. Die gelbe Modifikation löst sich leicht in Schwefelkohlenstoff und ist äußerst leicht entzündlich.

Je nach dem Ausfall der Vorproben und den Rückschlüssen, die etwa aus dem Befund bei dem löslichen Teil der Analyse gezogen werden konnten, wählt man eines der nun folgenden Aufschlußverfahren, falls es nicht nötig ist, den unlöslichen Rückstand zu teilen und mehrere anzuwenden.

a) Aufschluß von Erdalkalisulfaten.

Der Aufschluß geschieht durch Schmelzen mit einer Mischung aus gleichen Teilen Natrium- und Kaliumkarbonat, da ein solches Gemisch bei tieferer Temperatur schmilzt, als jedes der Alkalikarbonate für sich.

$$BaSO_4 + Na_2(K_2)CO_3 = BaCO_3 + Na_2(K_2)SO_4 \,.$$

Der trockne Rückstand wird mit der dreifachen Menge des Alkalikarbonatgemisches verrieben und im Porzellan- oder Platintiegel vor dem Gebläse etwa 5 Minuten gut durchgeschmolzen. Nach dem Erkalten löst man die Schmelze in heißem Wasser, filtriert das zurückbleibende Erdalkalikarbonat ab und wäscht es sehr sorgfältig, bis zum Verschwinden der SO_4''-Reaktion mit $BaCl_2$ im Waschwasser(!), mit heißem Wasser. Dann löst man es in verdünnter Salzsäure und behandelt es weiter nach S. 73.

Anmerkung: Bei ungenügendem Auswaschen bleibt Natriumsulfat (bzw. Kaliumsulfat) am Erdalkalikarbonatniederschlag haften. Sobald man dann in Salzsäure löst, reagiert das Erdalkaliion mit dem SO_4''-Ion unter Bildung unlöslichen Erdalkalisulfats, wodurch der ganze Aufschluß zu nichte gemacht wird. — Schmilzt man in einem Porzellantiegel, so bringt man dadurch stets etwas Aluminium und Kieselsäure in die Analyse hinein, was u. U. entsprechend zu berücksichtigen ist. Bei Anwesenheit von Bleisulfat darf ein Platintiegel nicht benutzt werden.

b) Aufschluß von Silikaten.

Ebenfalls mit der Soda-Pottascheschmelze können Silikate aufgeschlossen werden. Prüfung der in Wasser gelösten Schmelze nach S. 121.

c) Aufschluß von Halogensilberverbindungen.

1. Durch die Soda-Pottascheschmelze werden diese Verbindungen zu Silber reduziert, das in Salpetersäure gelöst und mit Cl' identifiziert werden kann (S. 10).

$$2\,AgBr + Na_2CO_3 = 2\,Ag + 2\,NaBr + CO_2 + O \,.$$

2. Eine weitere Möglichkeit besteht darin, die Halogenverbindung mit verdünnter Schwefelsäure zu einem dünnen Brei anzurühren und über Nacht ein Stückchen Zink hineinzustellen. Dadurch werden die Halogenverbindungen ebenfalls zu (schwarzem) metallischem Silber reduziert.

$$2\,AgJ + H_2SO_4 + Zn = 2\,Ag + ZnSO_4 + 2\,HJ \,.$$

d) Aufschluß komplexer Zyanide, siehe S. 43.

e) Aufschluß von Fluoriden.

Fluoride müssen, unter dem Abzug, in einer Bleischale oder einem Platintiegel, mit konzentrierter Schwefelsäure abgeraucht werden. Man rührt die Masse mit der Säure zu einem dünnen Brei an und dampft, unter zeitweiligem Umrühren mit einem Platindraht, über kleiner Flamme zur Trockne. (Nicht glühen!) Bis auf wasserfreies Aluminiumfluorid, das durch Schmelzen mit Soda-Pottasche aufgeschlossen werden muß, werden dadurch die Fluoride in Sulfate verwandelt.

f) Aufschluß von Bleisulfat.

Bleisulfat kann, außer durch die Identifizierung mit Weinsäure, (S. 12, e) durch Kochen mit konzentrierter Sodalösung in Bleikarbonat verwandelt werden, das man, nach gründlichem Auswaschen, in Salpetersäure löst und dann identifiziert.

$$PbSO_4 + Na_2CO_3 = PbCO_3 + Na_2SO_4 \,.$$

g) Aufschluß geglühter Oxyde.

1. Chromoxyd und Chromeisenstein werden durch die Oxydationsschmelze mit Soda-Salpetermischung (S. 52, β) aufgeschlossen.

2. Aluminium- und Eisenoxyd müssen im *Platintiegel* mit Kaliumpyrosulfat aufgeschlossen werden. (Aluminiumoxyd reagiert auch in der Soda-Pottascheschmelze unter Bildung löslichen Alkali-aluminats.) Zu dem Zweck wird der Rückstand mit der sechsfachen Menge Kaliumbisulfat verrieben und dann über kleiner Flamme erhitzt, bis das Aufhören des Schäumens zeigt, daß kein Wasser mehr entweicht. Man erhitzt weiter, bis die Masse fest zu werden beginnt und steigert dann die Temperatur, bis die Schmelze klar geworden ist. Man erhält beim Auflösen des Schmelzkuchens eine Lösung von Aluminium- bzw. Eisen(3)sulfat.

$$\text{I.} \quad 2\,KHSO_4 \qquad = K_2S_2O_7 + H_2O \,.$$
$$\text{II.} \quad Al_2O_3 + 3\,K_2S_2O_7 = Al_2(SO_4)_3 + 3\,K_2SO_4 \,.$$

3. Zinndioxyd und Zinnstein.

a) Man schmilzt etwas Natriumhydroxyd im Nickel- oder Silbertiegel (Vorsicht! Schutzbrille!) und gibt etwa $^1/_5$ des angewandten Hydroxydgewichts an feingepulvertem Zinndioxyd zu. Man erhält nach dem Durchschmelzen Natriumstannat, Na_2SnO_3. Identifizierung nach S. 22.

$$SnO_2 + 2\,NaOH = Na_2SnO_3 + H_2O \,.$$

2. Die fein gepulverte Substanz wird im bedeckten Porzellantiegel mit der sechsfachen Menge eines Gemischs von gleichen Teilen entwässerter Soda und Schwefelblumen so lange nicht zu stark erhitzt, bis der überschüssige Schwefel verbrannt ist. Man erhält in der Schmelze Natriumthiostannat, Na_2SnS_3, das mit Wasser in Lösung geht:

$$2\,SnO_2 + 2\,Na_2CO_3 + 9\,S = 2\,Na_2SnS_3 + 3\,SO_2 + 2\,CO_2\,.$$

Man säuert mit verd. Salzsäure an, filtriert das gelbe Zinn(2)-sulfid ab, reduziert es mit Zink zu Metall, löst es in konz. Salzsäure und identifiziert es nach S. 21 ff.

4. Siliziumdioxyd geht durch die Soda-Pottascheschmelze in wasserlösliches Alkalisilikat über.

$$SiO_2 + Na_2CO_3 = Na_2SiO_3 + CO_2\,.$$

Identifikation nach S. 121.

Die Gruppe V. (Bariumhydroxydgruppe.)

Magnesium, Mg. *Silberweißes Leichtmetall. Verbrennt an der Luft mit blendend weißem Licht zu Magnesiumoxyd. Bildet in Lösungen das farblose, zweiwertige Ion Mg¨. Salze meist wasserlöslich und farblos.*

Vorkommen: Als Karbonat, $MgCO_3$ (Magnesit), Kalzium-Magnesiumkarbonat, $CaCO_3.MgCO_3$ (Dolomit), als Sulfat und Chlorid in den Staßfurter Abraumsalzen (z. B. Kieserit, $MgSO_4.H_2O$; Carnallit, $MgCl_2.KCl + 6\,H_2O$.) Speckstein und Meerschaum sind Magnesiumsilicate. Das Meerwasser enthält nennenswerte Mengen von Magnesiumhalogenverbindungen.

Reaktionen auf Mg¨.

Zur Ausführung der Reaktionen nimmt man eine Lösung von Magnesiumchlorid, $MgCl_2.6\,H_2O$, oder Magnesiumsulfat, $MgSO_4.7\,H_2O$.

a) **Alkalilaugen** fällen weißes, gallertartiges Magnesiumhydroxyd.

$$MgCl_2 + 2\,NaOH = Mg(OH)_2 + 2\,NaCl$$
$$Mg¨ + 2\,OH' = Mg(OH)_2\,.$$

b) **Bariumhydroxyd** fällt ebenfalls Magnesiumhydroxyd.

$$MgCl_2 + Ba(OH)_2 = Mg(OH)_2 + BaCl_2$$
$$Mg¨ + 2\,OH' = Mg(OH)_2\,.$$

Anmerkung: Die Reaktionen a und b gelingen nur bei Abwesenheit von Ammoniumsalzen. Da man nämlich bei Anwesenheit von Ammoniumsalzen NH_4-Ionen in Lösung hat, treten diese mit den Hydroxylionen der Lauge zu dem nur sehr wenig dissoziierenden NH_4OH zusammen. Die Lösung verarmt dadurch immer mehr an Hydroxylionen, so daß schließlich $Mg(OH)_2$ nicht mehr gefällt werden kann bzw. schon gefälltes unter Rückdissoziation wieder in Lösung geht:

$$Mg(OH)_2 \rightleftarrows Mg^{\cdot\cdot} + 2\,OH'.$$

In Gegenwart von viel Ammoniumsalz verläuft also die Reaktion im Sinne des oberen Pfeils. Aus dem gleichen Grund — zu geringe OH'-Ionenkonzentration — fällt auch Ammoniak Magnesium nur unvollständig als Hydroxyd.

c) **Sekundäres Natriumphosphat** fällt bei Gegenwart von Ammoniak kristallinisches Ammoniummagnesiumphosphat:

$$MgCl_2 + Na_2HPO_4 + NH_4OH = MgNH_4PO_4 + 2\,NaCl + H_2O$$
$$Mg^{\cdot\cdot} + HPO_4'' + NH_4^{\cdot} + OH' = MgNH_4PO_4 + H_2O.$$

Der Niederschlag ist kristallinisch (Mikroskop! vgl. Tafel) und leicht in den Mineralsäuren und in Essigsäure löslich.

Man führt die Reaktion so aus, daß man zu der zu prüfenden Lösung erst Ammoniumchloridlösung gibt (um das Mg in Lösung zu halten), darauf Ammoniak zufügt und nun mit wenigen Tropfen einer Lösung von sekundärem Natriumphosphat versetzt.

Anmerkung: Die Reaktion ist sehr empfindlich. Bei sehr starker Verdünnung läßt sich die Bildung des Niederschlags durch Reiben mit dem Glasstab an der Wand des Reagensglases beschleunigen. — Es ist unbedingt nötig, sich mit dem Mikroskop davon zu überzeugen, daß · der Niederschlag kristallinisch ist, da bei ungenügender Trennung amorphes Kalziumphosphat oder Aluminiumphosphat ausfallen und die Anwesenheit von Magnesium vortäuschen kann. Die Kristalle sehen, je nach der Konzentration und der Temperatur der Lösung, in der sie entstehen, verschieden aus (vgl. Tafel II) sind aber nicht zu verkennen, wenn man sie einmal in verschieden konzentrierten Lösungen erzeugt und sich ihr Aussehen eingeprägt hat.

Trennung des Magnesiums von der Alkaligruppe.

Hat man im Filtrat der Schwefelammoniumgruppe Magnesium nachgewiesen, so verfährt man folgendermaßen:

Eine ausreichende Menge des Filtrats wird unter dem Abzug zur Trockne gedampft und so lange schwach geglüht, bis keine weißen Dämpfe von Ammoniumsalzen mehr entweichen. Nun nimmt man den Rückstand mit Wasser auf, versetzt in einer Porzellanschale mit Barytwasser bis zur deutlich alkalischen Reaktion und erhitzt zum Sieden. Der Niederschlag von Magnesiumhydroxyd wird abfiltriert, das überschüssige Bariumhydroxyd aus dem heißen Filtrat (nach Ansäuern mit verdünnter Salzsäure und Versetzen mit Ammoniak), mit heißer Ammoniumkarbonatlösung ausgefällt und abermals filtriert. Das Filtrat wird zur Trockne gedampft und die überschüssigen Ammoniumsalze weggeglüht. (Abzug!) Ein nunmehr hinterbleibender, weiß-kristallinischer Rückstand besteht aus Salzen der Alkalimetalle. Er wird in möglichst wenig (!) Wasser gelöst und auf Kalium, Natrium und Lithium untersucht.

Anmerkung: Ammoniumsalze färben sich beim Verglühen oft braun bis schwarz, infolge einer Abscheidung von Kohle, herrührend aus organischen Verunreinigungen des Ammoniaks. Man kann diese Kohle getrost mit stärkerer Flamme, nötigenfalls sogar kurze Zeit (!) vor dem Gebläse verglühen, da die Alkalimetallsalze ausreichend glühbeständig sind und nicht, wie manche Schwermetallsalze, dabei in unlösliche Oxyde übergehen.

Die Gruppe VI. (Alkalimetalle.)

K, Na, NH$_4$, Li, (Cs, Rb).

Gruppenreagens nicht vorhanden.

Kalium, K. *Bläulichweißes Leichtmetall (spez. Gew. 0,86), mit äußerst großer Neigung zum Sauerstoff, den es sogar dem Wasser entzieht:*

$$2 K + 2 H_2 O = 2 KOH + H_2.$$

Die Reaktionswärme reicht aus, den freiwerdenden Wasserstoff zu entzünden.

Vorkommen: Als Chlorid und als Magnesiumdoppelsalze in den Staßfurter Abraumsalzen (Sylvin, KCl), ferner im Meerwasser. Die Kaliumsalze sind meist farblos und wasserlöslich. In den Lösungen das farblose Kaliumion K.

Vorprobe auf Kalium.

Kaliumverbindungen färben die Bunsenflamme weißlich-violett. Das Spektroskop zeigt eine rote (768,2 $\mu\mu$) und eine schwer zu sehende violette Linie (404,5 $\mu\mu$). Bei gleichzeitiger Anwesenheit von Natrium wird die Färbung durch die durch Natrium bewirkte überdeckt. Um Kaliumlicht neben dem gelben Natriumlicht sicher erkennen zu können, benutzt man ein blaues Glas (Kobaltglas), das die gelben Strahlen verschluckt, die blauen aber durchläßt. Betrachtet man eine Natriumflamme durch ein Kobaltglas, so wird sie unsichtbar, während sie bei gleichzeitiger Anwesenheit von Kalium violett erscheint.

Anmerkung: Nicht jedes blaue Glas ist ein Kobaltglas. Es ist unbedingt nötig, sich durch einen blinden Versuch zu überzeugen, daß eine reine Natriumflamme, die man durch das gewählte Glas betrachtet, wirklich verschwindet. (Mitunter erreicht man dieses Ziel durch Übereinanderlegen mehrerer Gläser.) Unterläßt man diese Probe, so findet man stets Kalium, auch wenn keine Spur davon in der Analyse ist!

Reaktion auf K˙.

Zur Ausführung der Reaktionen nimmt man eine Lösung von Kaliumchlorid, KCl.

a) **Überchlorsäure** fällt weißes, in Wasser schwer lösliches Kaliumperchlorat.

$$KCl + HClO_4 = KClO_4 + HCl$$
$$K˙ + ClO_4{}' = KClO_4.$$

Anmerkung: Diese und alle anderen Reaktionen auf Alkalimetallionen, gelingen sicher nur in konzentrierten Lösungen. Man arbeite auf dem Uhrglas, indem man einen Tropfen Lösung und einen Tropfen Reagens mit dem Glasstab zusammenreibt. Im allgemeinen wird man zur Lösung des Alkalirückstandes nach dem Wegglühen der Ammonsalze höchstens 1 ccm Wasser anwenden!

b) **Platinchlorwasserstoffsäure** („Platinchlorid") fällt gelbes, in Oktaedern kristallisierendes (Mikroskop!) Kaliumplatinchlorid.

$$2\,KCl + H_2[PtCl_6] = K_2[PtCl_6] + 2\,HCl$$
$$2\,K˙ + [PtCl_6]{}'' = K_2[PtCl_6].$$

Anmerkung: Die Lösung darf nicht basisch reagieren. Nötigenfalls säure man mit verdünnter Salzsäure schwach (!) an. — Die Reaktion ist empfindlich und die Krystallform des Kaliumplatin-

chlorids sehr charakteristisch. (Vgl. Tafel I.) Da man für jede Reaktion nur einen Tropfen Platinchlorwasserstoffsäure braucht, wie er an einem eingetauchten Glasstab hängen bleibt, so empfiehlt es sich, die einmalige etwas größere Ausgabe für etwa 5 ccm der Säure (10 %ige Lösung) nicht zu scheuen. Außerdem kann man die Niederschläge von Platinsalz sammeln und später auf Platin verarbeiten. — Jodide und Zyanide stören diese Reaktion. Bei Anwesenheit der genannten Säuren ist die Prüfung nach a) oder c) vorzuziehen.

c) **Weinsäure,** $H_2C_4H_4O_6$, fällt aus verhältnismäßig konzentrierten neutralen oder essigsauren Lösungen weißes, kristallinisches saures weinsaures Kalium (primäres Kaliumtartrat).

$$KCl + H_2C_4H_4O_6 = KHC_4H_4O_6 + HCl.$$

Anmerkung: Der Niederschlag entsteht oft erst durch Reiben der Reagensglaswände mit einem Glasstab oder nach „Animpfen" der Lösung, indem man mit dem Glasstab ein winziges, grade eben noch sichtbares Splitterchen eines Kriställchens von saurem weinsaurem Kalium in die Lösung bringt und dann umrührt und reibt.

Natrium, Na. *Silberweißes Leichtmetall (spez. Gew. 0,97), mit sehr großer Neigung zum Sauerstoff. Zersetzt Wasser ähnlich wie Kalium, der freiwerdende Wasserstoff wird aber im allgemeinen nicht entflammt. Die Natriumsalze mit ungefärbten Säuren sind farblos und wasserlöslich. In ihren Lösungen befindet sich das einwertige, farblose Ion Na˙.*

Vorkommen: Als Chlorid, NaCl (Steinsalz; im Meerwasser), als Nitrat $NaNO_3$ (Chilesalpeter) und in Form anderer Salze (Borax, Glaubersalz u. a.).

Vorprobe auf Natrium.

Natriumverbindungen färben schon in den geringsten Spuren ($^1/_{10\,000\,000}$ mg!) die Bunsenflamme stark gelb. Charakteristische Spektrallinie: die gelbe Linie mit der Wellenlänge 589,3 $\mu\mu$; Spektroskope mit starker Dispersion trennen sie in zwei dicht beieinander liegende gelbe Linien. Infolge der ungeheuren Empfindlichkeit der Flammenreaktion geben sozusagen alle Stoffe, die man in die Bunsenflamme bringt, wenigstens für kurze Zeit die Natriumflamme, denn ausreichende Spuren von Natriumverbindungen finden sich z. B. schon im Staub und im Schweiß. Man kann also die Flammenreaktion bei Natriumverbindungen nur mit großer Vorsicht benutzen. Die Färbung der Flamme ist **dauernd** hell leuchtend gelb, falls Natrium in nachweisbaren Mengen vorhanden ist. Wegen des Nachweises von Kalium neben Natrium vgl. S. 84.

Reaktionen auf Na·.

Zur Ausführung der Reaktionen nimmt man eine Lösung von Natriumchlorid, NaCl.

a) **Saures pyroantimonsaures Kalium,** $K_2H_2Sb_2O_7$, fällt aus neutralen und schwach alkalischen Lösungen weißes kristallinisches, (Mikroskop!) saures pyroantimonsaures Natrium:

$$2\,NaCl + K_2H_2Sb_2O_7 = Na_2H_2Sb_2O_7 + 2\,KCl$$
$$2\,Na\cdot + H_2Sb_2O_7'' = Na_2H_2Sb_2O_7.$$

Anmerkung: Die Reaktion ist nicht sehr empfindlich. Es gilt auch für die Reaktionen auf Na· das bei Kaliumperchlorat, S. 84, Gesagte. Pyroantimoniatlösungen sind nicht lange haltbar, sondern gehen unter Aufnahme von Wasser in saures Antimoniat über:

$$K_2H_2Sb_2O_7 + H_2O = 2\,KH_2SbO_4.$$

Man muß die Lösung deshalb jedesmal frisch herstellen. Zu dem Zweck kocht man eine Messerspitze voll saurem Kaliumpyroantimoniat zweimal mit etwas Wasserstoffsuperoxyd kurz auf, gießt die Flüssigkeit jedesmal ab, wiederholt das Aufkochen zum dritten Male und verwendet einen Teil der nunmehr erhaltenen, nötigenfalls filtrierten Lösung zur Reaktion. Einen anderen Teil hebt man auf, um feststellen zu können, ob nicht etwa beim Erkalten Kaliumpyroantimoniat auskristallisiert. In diesem Fall wäre die Lösung mit dem Reagens übersättigt gewesen und die Reaktion müßte mit der von den Kristallen abgegossenen, ganz wenig verdünnten Lösung wiederholt werden. Saure Lösungen fällen amorphe Antimonsäure. Mikroskopische Prüfung des Niederschlags (vgl. Tafel I) ist unerläßlich. Die Kristalle bilden sich oft erst nach längerer Zeit und nach Reiben mit dem Glasstab. Verhältnismäßig große Mengen von Kaliumsalzen können die Reaktion stören.

b) **Platinchlorwasserstoffsäure** gibt sehr leicht lösliches, orangefarbenes Natriumplatinchlorid, $Na_2[PtCl_6]$:

$$2\,NaCl + H_2[PtCl_6] = Na_2[PtCl_6] + 2\,HCl$$
$$2\,Na\cdot + [PtCl_6]'' = Na_2[PtCl_6].$$

Anmerkung: Infolge der leichten Löslichkeit der Verbindung erhält man die Kristalle erst beim Eindunsten der vermischten Lösungen auf dem Wasserbad. Sie unterscheiden sich durch ihre trikline Form von den Oktaedern des Kaliumplatinchlorids. In

Gegensatz zu diesem sind sie auch leicht in Alkohol löslich. Man kann also ein Gemisch beider Chloroplatinate dadurch trennen, daß man es auf dem Uhrglas mit wenigen Tropfen Alkohol anreibt, durch ein mit Alkohol angefeuchtetes Filterchen filtriert und das Filtrat auf dem Wasserbad zur Trockne dunstet. Dann beobachtet man unter dem Mikroskop die Kristallform.

Ammonium, $(NH_4)^{\cdot}$. *Das Radikal Ammonium, das frei nicht vorkommt, ähnelt in seinen Verbindungen den Alkalimetallen. Seine Salze sind meist farblos und wasserlöslich. In den Lösungen das einwertige, farblose Ion $(NH_4)^{\cdot}$.*

Vorprobe auf Ammoniumsalze.

Eine Probe der Analysensubstanz wird auf einem Uhrglas mit einigen Tropfen (!) Natronlauge verrieben und sofort mit einem zweiten, größeren Uhrglas überdeckt, auf dessen Innenseite man ein Streifchen feuchtes, rotes Lackmuspapier angeklebt hat. Bei Anwesenheit von Ammoniumverbindungen wird das Lackmuspapier im Verlauf weniger Minuten durch in Freiheit gesetztes Ammoniakgas gebläut.

$$NH_4Cl + NaOH = NH_3 + NaCl + H_2O$$
$$NH_3 + H_2O \text{ (im Lackmuspapier)} = NH_4OH.$$

Anmerkung: Die Probe ist sehr empfindlich. Man hüte sich, Natronlauge an das obere Uhrglas zu bringen, was sowohl durch die Adhäsion der Flüssigkeit am Glas als durch unvorsichtiges Arbeiten (Spritzen usw.) vorkommen kann. Natürlich würde dann das Lackmuspapier schon durch die Natronlauge gebläut werden.

Reaktionen auf $(NH_4)^{\cdot}$.

Zur Ausführung der Reaktionen nimmt man eine Lösung von Ammoniumchlorid, NH_4Cl.

a) **Platinchlorwasserstoffsäure** fällt gelbes Ammoniumplatinchlorid, $(NH_4)_2[PtCl_6]$.

$$2\,NH_4Cl + H_2[PtCl_6] = (NH_4)_2[PtCl_6] + 2\,HCl$$
$$2\,NH_4^{\cdot} + [PtCl_6]'' = (NH_4)_2[PtCl_6].$$

Das Salz kristallisiert, wie die entsprechende Kaliumverbindung, in Oktaedern und ist, wie diese, schwer wasserlöslich. Ist man im Zweifel, ob Kalium- oder Ammoniumplatinchlorid vorliegt, so stelle man die Vorprobe auf Ammoniumverbindungen (siehe oben) an. Falls es sich um das Ammoniumsalz handelt, wird rotes Lackmuspapier gebläut.

b) Durch **Natronlauge** oder **Kalziumhydroxyd** wird aus Ammoniumsalzen Ammoniak freigemacht. Außer nach der bei der Vorprobe beschriebenen Art kann man es auch mit einem mit konzentrierter Salzsäure befeuchteten Glasstab nachweisen. Es bilden sich dichte, weiße Nebel von Ammoniumchlorid:

$$NH_3 + HCl = NH_4Cl.$$

Lithium, Li. *Silberweißes Leichtmetall (spez. Gew. 0,53) ziemlich hart und so leicht oxydierbar, daß es Wasser zersetzt. Salze meist farblos und wasserlöslich. In den Lösungen das einwertige Ion Li·.*

Vorkommen: In einigen Mineralien (Lepidolith, Lithionglimmer) und Mineralwässern (Offenbacher Friedrichsquelle u. a.)

Vorprobe auf Lithiumverbindungen.

Flüchtige Lithiumverbindungen färben die Bunsenflamme karminrot. Das Spektroskop zeigt mehrere rote Linien, von denen die mit der Wellenlänge $670,8\ \mu\mu$ besonders hervortritt. Natriumlicht überdeckt das Lithiumlicht. Man hilft sich, wie bei Kalium, mit einem Kobaltglas. (Vgl. S. 84.)

Reaktionen auf Li·.

Zur Ausführung der Reaktionen nimmt man eine Lösung von Lithiumchlorid, LiCl.

a) **Sekundäres Natriumphosphat,** Na_2HPO_4, fällt aus nicht zu verdünnten, mit einigen Tropfen Natronlauge versetzten Lösungen in der Hitze weißes, kristallinisches, leicht in Säuren lösliches tertiäres Lithiumphosphat, Li_3PO_4:

$$3\,LiCl + Na_2HPO_4 + NaOH = Li_3PO_4 + 3\,NaCl + H_2O$$
$$4\,Li + HPO_4'' + OH' = Li_3PO_4 + H_2O.$$

b) **Ammoniumkarbonat** fällt in der Hitze (Lithiumkarbonat ist in der Wärme schwerer löslich als in der Kälte) aus konzentrierten Lösungen weißes Lithiumkarbonat, Li_2CO_3:

$$2\,LiCl + (NH_4)_2CO_3 = Li_2CO_3 + 2\,NH_4Cl$$
$$2\,Li + CO_3'' = Li_2CO_3.$$

Trennung der Alkalien.

Der nach S. 83 erhaltene, ammoniumsalzfreie Alkalirückstand wird in wenigen Tropfen Wasser gelöst. Flammenfärbung, unter Zuhilfenahme eines Kobaltglases, zeigt Kalium (Vorsicht vor Verwechslung mit Lithium!) und Natrium an. K· wird mit Perchlorsäure oder Platinchlorwasserstoffsäure, Na· mit saurem Kaliumpyroantimoniat identifiziert.

Zur Abtrennung des Lithiums müssen die Alkalimetalle als Chloride vorliegen, was im Gang der Analyse fast immer der Fall sein wird. Nötigenfalls stellt man sie durch mehrmaliges Abrauchen des Alkalirückstands mit einigen Tropfen konzentrierter Salzsäure her (Abzug!) und verreibt den Trockenrückstand dann mit wenigen Tropfen Alkohol-Äthergemisch (S. 74), das Lithiumchlorid löst. Das Filtrat läßt man auf dem Wasserbad eindunsten, prüft den Rückstand auf Flammenfärbung und identifiziert das Lithium mit sekundärem Natriumphosphat. Nötigenfalls ist die Behandlung mit Alkohol-Äthermischung bei dem Rückstand aus dem Filtrat zu wiederholen. $\qquad$ Li

Die Prüfung auf Ammoniumsalze erfolgt mit der ursprünglichen Analysensubstanz (falls sie flüssig ist, dampft man etwas davon zur Trockne) nach S. 87. $\qquad$ NH_4

Das Auflösen von Analysensubstanzen.

Eine Analysensubstanz richtig in Lösung zu bringen, ist gar nicht immer leicht. Ist sie **nicht** metallisch, so versucht man es erst mit Wasser, dann mit verdünnter Salzsäure, verdünnter Salpetersäure, dann mit den konzentrierten Säuren und, wenn keines der Lösungsmittel glatt zum Ziel führt, mit Königswasser. (Etwa 3 Teile Salzsäure und 1 Teil Salpetersäure.) Was nun noch bleibt, wird als „unlöslicher Rückstand" behandelt (S. 75).

Bei metallischen Stoffen erübrigt sich natürlich die Anwendung von Wasser.

Alle Lösungsversuche müssen mit wenigen Milligrammen der Substanz in verschiedenen (kleinen) Reagensgläsern angestellt werden und zwar jedesmal erst in der Kälte, dann in der Wärme.

Königswasser nehme man nur im äußersten Notfall, da es wegen seiner Oxydationswirkung auf Schwefelwasserstoff sehr lästig ist. Man vergesse auch nicht, zu versuchen, ob sich nicht etwa ein in Wasser unlöslicher Teil, nach dem Abfiltrieren, in einem anderen Lösungsmittel löst. Oft kann man zwei derartige Lösungen wieder zusammengießen, ohne daß etwas ausfällt, und kann sie dann in einem Trennungsgang behandeln.

Sofort konzentrierte Säuren oder gar Königswasser zu benutzen, ist ein Kunstfehler! Die Anwendung dieser „stärksten von unseren Künsten" wird nur in ganz seltenen Fällen unumgänglich sein. Ebenso wie Königswasser vermeide man auch tunlichst starke Salpetersäure, sonst hat man die gleichen Schwierigkeiten bei Ausfällung der Schwefelwasserstoffgruppe (vgl. S. 30).

Die Prüfung auf Säuren (Anionen).

Vorbemerkung. Ein regelrechter Trennungsgang für Säuren kann ebensowenig aufgestellt werden, wie ein Trennungsgang zur Behandlung unlöslicher Rückstände. Auch hier muß in jedem Fall ein besonderer Weg aufgefunden werden, dessen Art sich stets nach dem Ausfall von Vorproben und nach dem Befund der Kationenuntersuchung zu richten hat. Es können daher auch hier nur einige Richtlinien und Hinweise gegeben werden, denen dann die Beschreibung der für die qualitative Analyse wichtigen Säuren und ihrer Reaktionen folgt.

Grundsätzlich nimmt man die Prüfung auf Säuren nach der auf Metalle vor und verwendet die Lösung der Alkalisalze der Säuren, um nicht durch Reaktionen der Schwermetallionen Störungen hervorzurufen. Diese Alkalisalzlösung sämtlicher Säuren erhält man durch den sogenannten „Sodaauszug" (vgl. weiter unten). Geschickte Vereinigung von Vorprobenbeobachtungen und gründliches chemisches Wissen gibt als Resultante „chemisches Gefühl" — und wenn irgendwo, so ist es bei der Prüfung auf Säuren nötig.

Vor allem bedenke man, daß manche Elemente in höheren Oxydationsstufen vom metallischen in den metalloiden Zustand übergehen (z. B. Chrom und Mangan). Andere Elemente, z. B. Phosphor und Arsen, sind innerhalb der gleichen Wertigkeitsstufe salz- und säurebildend (z. B. Phosphortrichlorid und phosphorige Säure). Man findet diese Elemente demnach sowohl bei der Kationenprüfung als bei der Anionenprüfung; um so mehr, als ja z. B. Schwefelwasserstoff arsenige Säure schon zerstört und Arsensulfid ausfällt usw. Außer durch die Färbung ihrer Salze verraten sich solche sauerstoffreichen Säuren oft durch ihre Oxydationswirkung. Eine unerwartet starke Schwefelabscheidung beim Einleiten von Schwefelwasserstoff zur Ausfällung der Schwefelwasserstoffgruppe ist z. B. in dieser Hinsicht verdächtig. Umgekehrt kann man mitunter reduzierende Wirkungen feststellen (z. B. Entfärbung von Jodlösung). Das engt natürlich den Kreis der Untersuchung auf reduzierende Säuren ein, denn oxydierende und reduzierende Stoffe schließen sich gegenseitig aus.

Es folgen hier zunächst einige Aufzählungen, die in manchen Fällen nützlich sein können:

Säuren, deren Salze meist gefärbt sind:

Bromwasserstoff: Silbersalz gelblich;

Jodwasserstoff: Silber- und Bleisalz gelb, Quecksilbersalze grün und rot;

Chromsäure: Salze gelb;

Mangansäure: Salze grün bis braun;

Permangansäure: Salze violett;

Ferrozyanwasserstoffsäure: Salze meist gelblich bis braun, mitunter auch ungefärbt;

Ferrizyanwasserstoffsäure: Salze meist rotbraun.

Schwefelwasserstoff: Schwermetallsalze in den verschiedensten Färbungen.

Oxydierend wirkende Säuren.

Chrom-, Mangan- und Permangansäure. Perschwefelsäure, Arsensäure, Ferrizyanwasserstoffsäure. Unterchlorige Säure, Chlorsäure. Brom- und Jodsäure.

Reduzierend wirkende Säuren:

Arsenige und phosphorige Säure. Schwefelwasserstoff, schweflige und Thioschwefelsäure.

Die als oxydierend wirkend genannten Säuren machen aus Jodkaliumlösung Jod frei, das unmittelbar an der Braunfärbung, in geringsten Spuren an der Blaufärbung weniger Tropfen zugefügter Stärkelösung erkannt werden kann. Die reduzierend wirkenden Säuren entfärben eine alkoholische Jodlösung. (Nur wenige Tropfen einer nicht zu konzentrierten Lösung von Jod in Alkohol zum mit verd. Salzsäure angesäuerten Sodaauszug geben!)

Anmerkung: Arsenige und Arsensäure können nebeneinander bestehen, und in diesem Fall sowohl mit Jodlösung als mit Jodkaliumlösung reagieren. Ferner kann eine Jodabscheidung auch durch Wasserstoffsuperoxyd bewirkt werden. — Selbstverständlich schließt das Eintreten einer Oxydation oder Reduktion keineswegs das Vorhandensein indifferenter Säureionen aus.

Herstellung des Sodaauszugs.

Man verreibt etwa 1 g der Analysensubstanz mit der halben Menge Soda, gibt die Mischung in ein Becherglas, übergießt sie mit nicht zu viel Sodalösung und kocht etwa fünf Minuten unter zeitweiligem Umrühren. (Die Lösung schäumt meist ziemlich stark, weshalb Erlenmeyerkölbchen nicht empfehlenswert sind.) Man filtriert heiß und hat nun im Filtrat alle Säuren als Natriumsalze vorliegen, da sich die Umsetzung vollzieht:

Schwermetallsalze + Natriumkarbonat

= Schwermetallkarbonate oder -hydroxyde + Natriumsalze.

Anmerkung: Mitunter ist der Sodaauszug blau gefärbt. Dies kommt daher, daß Spuren von Kupfer mit dem Natriumkarbonat in Lösung gegangen sind. In diesem Fall kocht man mit einigen Tropfen Natronlauge kurz auf und filtriert. Falls Permanganate vorliegen, ist der Sodaauszug violett, falls Chromate oder Dichromate vorhanden sind, gelb bis orange gefärbt. Um diese Färbungen wegzubringen, säuert man mit Salzsäure schwach an, reduziert mit einigen Tropfen Alkohol in der Siedehitze, macht, nach eingetretener Entfärbung, wieder mit Natriumkarbonat alkalisch, kocht kurz auf und filtriert.

Allgemeiner Plan zur Prüfung auf Säuren.

I. Der Sodaauszug wird zum einen Teil mit verdünnter Essigsäure neutralisiert, die Kohlensäure durch Kochen vertrieben und die Lösung zur Prüfung verwandt (vgl. unter B, 2, S. 94).

II. Ein anderer Teil des Sodaauszugs wird zur Prüfung auf die „einfachen Säuren" (S. 16) verwandt.

Vorproben.

Durch Vorproben. können festgestellt werden: Salze des Fluorwasserstoffs, der Kiesel- und Borsäure, der salpetrigen und Salpetersäure, ferner der Chlor- und Bromsäure, sowie des Schwefelwasserstoffs.

Bei der Kationenprüfung können bereits festgestellt werden: Säuren des Arsens, Phosphors, Antimons, Chroms und Mangans. Vor Ausfällung der Schwefelammoniumgruppe wurde bereits geprüft auf: Phosphorsäure und Oxalsäure; ferner auf Essigsäure, Weinsäure und auf Zyanverbindungen, darunter Zyanwasserstoffsäure, Rhodanwasserstoffsäure, Ferro- und Ferrizyanwasserstoffsäure.

A. Proben mit der ursprünglichen Analysensubstanz.

1. Proben auf Fluoride, Silikate und Borate.

a) **Fluoride** werden durch die Wassertropfenprobe nachgewiesen (S. 107).

b) **Silikate** werden durch die Wassertropfenprobe mit Kalziumfluorid und Schwefelsäure erkannt (S. 120).

c) **Borate** weist man durch die Flammenfärbung des Borsäuremethylesters nach (S. 118). Bei Anwesenheit von Kupfer vgl. S. 118, Anm.

2. Proben durch trockenes Erhitzen der Analysensubstanz im Glühröhrchen.

Beim trockenen Erhitzen im Glührohr entwickeln:

a) **Sauerstoff** (glimmender Span!): Salze der Chlor-, Brom- und Jodsäure.

b) **Stickstoffdioxyd** (braune Dämpfe): Salze der salpetrigen und der Salpetersäure.

c) **Schwefeldioxyd** (stechender Geruch): Salze der schwefligen Säure, der Thioschwefelsäure und des Schwefelwasserstoffs.

d) **Kohlendioxyd** (Trübung von Kalkwasser): Salze der Kohlen- und Oxalsäure.

3. Proben durch Erhitzen der Analysensubstanz mit konzentrierter Schwefelsäure.

Beim Erhitzen im Glührohr mit konzentrierter Schwefelsäure (Vorsicht! Schutzbrille!) geben:

α) **Farblose Gase:**

a) **Chlorwasserstoff** (Nachweis mit NH_3): Salze des Chlorwasserstoffs.

b) **Kohlenoxyd** (brennt mit blauer Flamme): Salze der Oxalsäure, organische Stoffe.

c) **Blausäure** (Geruch! Vorsicht!): Salze des Zyanwasserstoffs.

d) **Schwefeldioxyd** (stechender Geruch): Salze der schwefligen Säure, der Thioschwefelsäure und Rhodanwasserstoffsäure.

Anmerkung: Wenn Schwefelsäure mit reduzierenden Stoffen, z. B. Kohle, erhitzt wird, entwickelt sich ebenfalls Schwefeldioxyd.

e) **Siliziumfluorid** (Trübung eines an einem Glasstab hängenden Wassertropfens): Salze des Fluorwasserstoffs. (Das Silizium stammt aus dem Glas, das oft angeätzt wird.)

f) **Schwefelwasserstoff** (Geruch! Schwärzung von Bleipapier, vgl. S. 108): Salze der schwefligen Säure und der Thioschwefelsäure.

g) **Kohlendioxyd** (Trübung eines Tropfens Kalkwasser, der an einem Glasstab hängt: Salze der Kohlen- und Oxalsäure.

β) **Gefärbte Gase:**

a) **Chlordioxyd, gelb.** Entsteht schon in der Kälte aus Salzen der Chlorsäure und explodiert beim Erhitzen sehr heftig. (Vorsicht! Schutzbrille!)

b) **Stickstoffdioxyd, braun.** (Geruch!): Salze der salpetrigen Säure und der Salpetersäure.

c) **Brom, braun.** Aus Salzen des Bromwasserstoffs.

d) **Joddampf**, violett. Verdichtet sich in den kälteren Teilen des Röhrchens zu braunschwarzen, in Alkohol braun löslichen Kriställchen. Salze des Jodwasserstoffs.

e) **Manganheptoxyd** (braungrünes Öl, das in der Hitze meist explodiert): Salze der Permangansäure. (Vorsicht! Schutzbrille!)

Anmerkung: Es versteht sich von selbst, daß diese, mit der ursprünglichen Analysensubstanz auszuführenden, Vorproben im Glühröhrchen nur Hinweise geben können. Man unterschätze trotzdem nicht ihre große Wichtigkeit.

B. Vorproben mit dem Sodaauszug.

1. Der mit Salzsäure angesäuerte Sodaauszug wird mit Jodkalium- und mit Jodlösung auf oxydierende bzw. reduzierende Säuren geprüft (vgl. S. 91).

2. Falls die Proben 1. negativ ausfallen, gibt man zu einem Teil des mit Essigsäure angesäuerten Sodaauszugs einige Tropfen Silbernitratlösung.

Es bilden Niederschläge mit Silbernitrat:

a) **In Salpetersäure lösliche:** Oxalsäure, **Weinsäure**, Borsäure (sämtlich weiß). Phosphorsäure (gelb).

b) **In Salpetersäure unlösliche:** die Halogenwasserstoffsäuren, Zyan-, Rhodan- und Ferrizyanwasserstoff. Hiervon sind weiß die Silbersalze des Chlorwasserstoffs, Zyanwasserstoffs und Rhodanwasserstoffs. Gelb sind Silberbromid und Silberjodid, orange Silberferrizyanid.

Mit Bariumchlorid bilden weiße Niederschläge:

a) **In verdünnter Salpetersäure lösliche:** Oxal- und Weinsäure, Borsäure, Phosphorsäure, Kohlensäure (sämtlich weiß).

b) **In verdünnter Salpetersäure nicht lösliche:** Schwefelsäure, Fluorwasserstoff, Kieselfluorwasserstoff (sämtlich weiß).

Anmerkung: Es ist nicht zu vergessen, daß auch eine Reihe der bereits durch Feststellung ihrer Oxydations- und Reduktionswirkung ausgesonderten Säuren schwer ausfällbare Silber- und Bariumsalze bildet; die Silbersalze sind z. T. gefärbt (z. B. Ag_3AsO_4 u. a.)

Einiges über Vorkommen, Eigenschaften und Nachweis wichtiger säurebildender Elemente.

Chlor, Cl. Vorkommen: Kommt frei nicht vor. Salze der Chlorwasserstoffsäure (Chloride) als Steinsalz und, gelöst, im Meerwasser ($3\,^0/_0$ NaCl), ferner in den Staßfurter Abraumsalzen (Kainit, Sylvin u. a.) in ungeheuren Mengen verbreitet. Freie Salzsäure findet sich im Magensaft der Säugetiere.

Eigenschaften: Grüngelbes, durchdringend riechendes, mäßig wasserlösliches Gas. Gas und wässerige Lösung („Chlorwasser") wirken oxydierend. Wichtige Säuren: Chlorwasserstoffsäure, HCl; unterchlorige Säure, HClO, Chlorsäure, $HClO_3$, Perchlorsäure, $HClO_4$.

Nachweis von elementarem Chlor: Chlor setzt sich mit Quecksilber langsam zu weißem Quecksilber(1)chlorid um, während ionisiertes Chlor (Cl′) nicht reagiert. Man kann dadurch freies Chlor neben Chlorion nachweisen, indem man die zu prüfende Lösung einige Zeit mit wenigen Tropfen Quecksilber schüttelt (*vgl.* auch S. 99).

Brom, Br. Vorkommen: Kommt frei nicht vor. Natrium und Magnesiumbromid sind zu $0,04\,^0/_0$ im Meerwasser enthalten.

Eigenschaften: Dunkelbraune, durchdringend riechende, flüchtige Flüssigkeit. In Wasser mäßig zu gelbbraunem Bromwasser, leicht in Chloroform und Schwefelkohlenstoff löslich. Brom bildet die den Chlorsäuren analogen Verbindungen. Analytisch wichtig sind von ihnen aber nur die Bromwasserstoffsäure, HBr, und die Bromsäure, $HBrO_3$.

Nachweis von elementarem Brom: Man schüttelt die zu prüfende Lösung mit 1 ccm Schwefelkohlenstoff durch, trennt das dunkel gefärbte Lösungsmittel in einem kleinen Hahntrichter ab, läßt auf einem Uhrglas den Schwefelkohlenstoff abdunsten (Abzug! Flammen löschen!), nimmt das zurückgebliebene Brom mit etwas Wasser auf, gibt einige ccm einer Lösung von Schwefeldioxyd zu und schüttelt gut durch. Das Brom wird in Bromion übergeführt:

$$Br_2 + SO_2 + 2\,H_2O = 2\,HBr + H_2SO_4,$$

und man erhält auf Zusatz von Silbernitratlösung eine Fällung von gelblichem Silberbromid, AgBr (S. 102).

Jod, J. Vorkommen: Kommt frei nicht vor. Es ist zu etwa $0,1\,^0/_0$ als Natriumjodat, $NaJO_3$, dem Chilesalpeter beigemengt. Natriumjodid findet sich in geringen Mengen in vielen Seepflanzen, organisch gebundenes· Jod in der Schilddrüse

(Thyreojodin). Trotz der sehr geringen Mengen, die der Tierkörper enthält, ist das Jod für den geordneten Ablauf der Lebensvorgänge unentbehrlich.

Eigenschaften: Schwarzer, fester Körper, von durchdringendem Geruch, kaum löslich in Wasser, leicht in Schwefelkohlenstoff und Chloroform (violett), Alkohol und Äther (braun), sowie in Jodkalium (braun). Wichtige Säuren: Jodwasserstoffsäure, HJ, und Jodsäure, HJO_3.

Nachweis von elementarem Jod: Durch Ausschütteln mit Chloroform oder Schwefelkohlenstoff. Nach dem Abdunsten des Lösungsmittels bleiben Kriställchen von Jod zurück, die beim Erhitzen im Reagensglas einen violetten Dampf geben, der sich an kälteren Stellen des Glases wieder zu Jodkristallen verdichtet.

Fluor, F. Vorkommen: Kommt frei nicht vor. Gebunden u. a. als Kalziumfluorid, CaF_2 (Flußspat), und Kryolith, AlF_3. $3\,NaF$.

Eigenschaften: Schwach grünliches Gas von großer Neigung zu Wasserstoff und den meisten Metallen. Bildet keine Sauerstoffverbindungen. Vereinigt sich mit Silizium zu gasförmigem Siliziumtetrafluorid, SiF_4. Deshalb zersetzt Fluor und Fluorwasserstoff Glas und andere Silikate.

Schwefel, S. Vorkommen: Elementar z. B. in Sizilien und Amerika. Gebunden in vielen Mineralien (Sulfide: Kiese, Glanze, Blenden; Sulfate: Schwerspat). Im Tierkörper als Bestandteil mancher Eiweißarten.

Eigenschaften: Gelber, fester Körper. Löslich in Schwefelkohlenstoff. Verbrennt mit blauer Flamme zu stechend riechendem Schwefeldioxyd. Bildet mehrere allotrope Modifikationen. Wichtige Säuren: Schwefelwasserstoff, H_2S; Schweflige Säure, H_2SO_3; Schwefelsäure, H_2SO_4; Thioschwefelsäure, $H_2S_2O_3$; Perschwefelsäure, $H_2S_2O_8$.

Nachweis von elementarem Schwefel: Durch seine Brennbarkeit. Ferner kann man ihn mit Königswasser zu Schwefelsäure oxydieren und die gebildete Schwefelsäure nachweisen (vgl. S. 76).

Stickstoff, N. Vorkommen: Zu $79\,^0/_0$ in der Luft. Gebunden im Chilesalpeter. Im Tier- und Pflanzenkörper als wesentlicher Bestandteil aller Eiweißarten.

Eigenschaften: Farb- und geruchloses Gas, das die Verbrennung nicht unterhält. Wichtige Säuren: Salpetrige Säure, HNO_2, und Salpetersäure, HNO_3.

Phosphor, P. Vorkommen: Kommt frei nicht vor. Gebunden in Mineralien, z. B. Phosphorit, $Ca_3(PO_4)_2$; Apatit, $Ca_5F(PO_4)_3$. Wichtiger Bestandteil des Tier- und Pflanzenkörpers (Knochen, Eiweiß).

Eigenschaften: Kommt in mehreren Modifikationen vor, u. a. als weißer (gelber) Phosphor: Wachsweicher, in Schwefelkohlenstoff löslicher, gelblicher Körper, der nach Knoblauch riecht und im Dunkeln blaugrün oder grüngelb leuchtet. Sehr giftig und leicht entzündlich. Roter Phosphor, unlöslich im Schwefelkohlenstoff, dunkelrot. Leuchtet nicht und ist wesentlich schwerer entflammbar als der weiße Phosphor. Der farblose (weiße) Phosphor geht bei Belichtung langsam in die rote Modifikation über. Wichtige Säuren: Phosphorige Säure, H_3PO_3; Phosphorsäure, H_3PO_4; Metaphosphorsäure, HPO_3; Pyrophosphorsäure, $H_4P_2O_7$:

Nachweis elementaren Phosphors: **Weißer Phosphor:** Kenntlich am Geruch und der Entflammbarkeit. Die in einem Kühler verdichteten Dämpfe kochenden Wassers, dem man eine Spur des zu prüfenden Stoffes zugesetzt hat, leuchten bei Anwesenheit von weißem Phosphor im Dunkeln. **Roter Phosphor:** Kann durch Königswasser zu Phosphorsäure oxydiert und dann als Ammoniummagnesiumphosphat nachgewiesen werden (S. 34).

Bor, B. Vorkommen: Kommt frei nicht vor. Gebunden als Natriumtetraborat, $Na_2B_4O_7 . 10 H_2O$ (Borax). Turmalin ist ein Borsilikat.

Eigenschaften: Bildet eine amorphe und eine kristallinische Modifikation. Dunkelbraunes Pulver oder graue, glänzende Kriställchen. Wichtige Säure: Borsäure, H_3BO_3.

Silizium, Si. Vorkommen: Kommt frei nicht vor, dagegen gebunden in ungeheuren Mengen in Gesteinen (silex = der Kieselstein). Über $25\,^0/_0$ der Erdkruste besteht aus Silizium. Wichtige Silikate u. a.: Kalifeldspat, $AlKSi_3O_8$; Kaolin, $Al_2Si_2O_7 . 2 H_2O$; Glimmer $KH_2Al_2(SiO_4)_3$. Quarz (Bergkristall) ist reines, Kieselgur (Infusorienerde) wasserhaltiges Siliziumdioxyd.

Eigenschaften: Amorphes Silizium bildet ein braunes Pulver, das beim Erhitzen an der Luft zu Siliziumdioxyd verbrennt. Kristallisiertes Silizium bildet dunkle, glänzende und sehr harte Plättchen, die an der Luft nicht verbrennen. Wichtige Säuren: (vgl. S. 120).

Nachweis elementaren Siliziums: Elementares Silizium kann an seiner Löslichkeit in Kalilauge (wobei Entwicklung von Wasserstoff stattfindet) erkannt werden. Die erhaltene Lösung prüft man nach S. 121 durch Zersetzung mit Salzsäure.

Reaktionen einzelner Säuren.

I. Die Säuren des Chlors.

1. Chlorwasserstoffsäure (siehe S. 6).

2. Unterchlorige Säure, HClO, *wasserfrei nicht beständig. Die farblose, wässerige Lösung der Säure riecht stark und zwar ähnlich wie Chlor. Die Salze (Hypochlorite) sind wenig beständig. In ihren wässerigen Lösungen das einwertige Ion ClO'. Unterchlorige Säure und ihre Salze sind starke Oxydationsmittel, da sie nach*

$$HClO \longrightarrow HCl + O$$

zerfallen.

Vorprobe auf Hypochlorite. *(Zur Ausführung nimmt man Chlorkalk, Ca(ClO)Cl.)*

Hypochlorite liefern beim Erwärmen mit konzentrierter Schwefelsäure Chlorgas, das an seiner gelbgrünen **Farbe** und seinem Geruch erkannt werden kann.

$$Ca(ClO)Cl + H_2SO_4 = CaSO_4 + H_2O + Cl_2$$

Reaktionen auf ClO'.

Zur Ausführung der Reaktionen nimmt man eine Lösung von Natriumhypochlorit, NaOCl.

a) **Silbernitrat** fällt weißes Chlorsilber, da sich das zunächst entstehende Silberhypochlorit sofort in Silberchlorid und Silberchlorat (das gelöst bleibt) zersetzt.

$$NaClO + AgNO_3 = AgOCl + NaNO_3$$
$$ClO' + Ag^{\cdot} = AgOCl$$
$$3\,AgClO = 2\,AgCl + AgClO_3\,.$$

b) **Indigolösung** wird durch die Oxydationswirkung einer Hypochloritlösung entfärbt. Sehr wesentlich ist die Tatsache, daß die Entfärbung sowohl in saurer als in schwach alkalischer Lösung (bei Gegenwart von Natriumkarbonat oder Ammoniak) stattfindet. Unterschied von Chlorsäure!

Anmerkung: Alkalilaugen können nicht zum Alkalischmachen verwendet werden, da sie an sich bereits auf Indigo entfärbend wirken.

c) Aus Jodkaliumlösungen machen Hypochlorite sowohl in saurer als schwach alkalischer Lösung (vgl. Bemerkung bei b) Jod frei, das auf Zusatz eines Tropfens Stärkelösung an der Blaufärbung (Bildung einer Adsorptionsverbindung „Jodstärke") erkannt werden kann.

$$2\,KJ + NaClO + H_2O = J_2 + 2\,KOH + NaCl$$
$$2\,J' + ClO' + H_2O = J_2 + 2\,OH' + Cl'.$$

Anmerkung: Bequemer noch ist die Verwendung von Jodkali-Stärkelösung. Man reibt etwa 0,5 g Stärke mit etwas Wasser an, gießt die milchige Flüssigkeit in 100 ccm siedendes Wasser, kocht einige Minuten, gibt nach dem Erkalten 0,5 g Kaliumjodid zu und filtriert. Die Lösung ist nicht sehr haltbar.

d) Quecksilber wird beim Schütteln mit Hypochloritlösungen langsam zu gelbem, nach und nach rötlich werdendem Quecksilber(2)oxyd oxydiert:

$$Hg + NaOCl = HgO + NaCl.$$

Macht man dagegen aus Hypochloritlösungen durch Ansäuern mit verdünnter Schwefelsäure die unterchlorige Säure frei und verfährt wie oben, so erhält man ein braunes, basisches Chlorid, das sich in verdünnter Salzsäure löst:

$$2\,Hg + 2\,HClO = (HgCl)_2O + H_2O,$$
$$(HgCl)_2O + 2\,HCl = 2\,HgCl_2 + H_2O.$$

Anmerkung: Die letztgenannte Reaktion gestattet die Unterscheidung von unterchloriger Säure und freiem Chlor. Schüttelt man nämlich Chlorwasser mit Quecksilber, so erhält man Quecksilber(1)chlorid, Hg_2Cl_2, das in Salzsäure unlöslich ist.

3. Chlorsäure, $HClO_3$, *wasserfrei nicht beständig. Die farblose, wässerige, das Chloration $ClO_3{}'$ enthaltende Lösung wirkt stark oxydierend, indem sie unter Abgabe von Sauerstoff und Chlor in Perchlorsäure übergeht:*

$$3\,HClO_3 = 2\,O_2 + Cl_2 + HClO_4 + H_2O.$$

Die Salze der Säure heißen Chlorate.

Vorproben auf Chlorate.

(Zur Ausführung nimmt man Kaliumchlorat, $KClO_3$.)

α) Beim Erhitzen im Glührohr spalten Chlorate Sauerstoff ab. (Gebräuchliches Verfahren zur Sauerstoffdarstellung.)

$$2\,KClO_3 = 3\,O_2 + 2\,KCl.$$

β) In Berührung mit konzentrierter Schwefelsäure entwickeln Chlorate gelbes, gasförmiges Chlordioxyd, ClO_2, das beim Erwärmen sehr heftig explodiert.

Anmerkung: Man nehme ganz wenig Chlorat (etwa 0,1 g) in einem kleinen Reagensglas und gebe mit dem Glasstab einen Tropfen konzentrierte Schwefelsäure dazu. Vorsicht! Schutzbrille! In Mischung mit anderen Stoffen (z. B. Schwefel) explodieren Chlorate auch bei Reibung und Stoß mit äußerster Heftigkeit.

Reaktionen auf ClO_3'.

(Zur Ausführung der Reaktionen nimmt man eine Lösung von Kaliumchlorat, $KClO_3$.)

a) **Salzsäure** wird in der Wärme von Chloratlösungen zu Chlor und Wasser oxydiert.

$$KClO_3 + 6\,HCl = 3\,Cl_2 + 3\,H_2O + KCl.$$

b) **Jodkalistärkelösung** wird von sauren Chloratlösungen (**nicht** von schwach alkalischen) gebläut.

$$KClO_3 + 6\,KJ + 6\,HCl = 3\,J_2 + 3\,H_2O + 7\,KCl$$
$$ClO_3' + 6\,J' + 6\,H^{\cdot} + 6\,Cl' = 3\,J_2 + 3\,H_2O + 7\,Cl'.$$

c) **Reduktionsmittel** reduzieren Chlorate zu **Chloriden**, die sich dann in der üblichen Weise mit Silbernitrat nachweisen lassen. Zur Reduktion geeignet ist **Zinkstaub** (in neutraler oder essigsaurer Lösung) oder **Ferrosulfat** (in schwach schwefelsaurer Lösung) oder **Zinkstaub** oder **Devardasche Legierung** ($50\,^0/_0$ Cu, $45\,^0/_0$ Al, $5\,^0/_0$ Zn) in mit Natronlauge alkalisch gemachter Lösung. Die genannten Reduktionsmittel wirken alle in der Siedehitze nach wenigen Minuten.

Beispiele für Reduktionen:

$$KClO_3 + 6\,FeSO_4 + 3\,H_2SO_4 = KCl + 3\,Fe_2(SO_4)_3 + 3\,H_2O$$
$$ClO_3' + 6\,Fe^{\cdot\cdot} + 6\,H^{\cdot} = Cl' + 6\,Fe^{\cdot\cdot\cdot} + 3\,H_2O$$
$$KClO_3 + 3\,Zn + 3\,NaOH = KCl + 3\,NaHZnO_2$$
$$ClO_3' + 3\,Zn + 3\,OH' = Cl' + 3\,HZnO_2'.$$

4. Perchlorsäure, $HClO_4$. *Konzentriert unbeständige, an der Luft rauchende Flüssigkeit, die, auf die Haut gebracht, schmerzhafte Wunden erzeugt. In der wässerigen Lösung das Perchloration ClO_4'. Die verd. Säure und ihre Salze haben im allgemeinen keine oxydierenden Eigenschaften, da sie verhältnismäßig schwer zerfallen.*

Reaktion auf ClO_4'.

(Zur Ausführung der Reaktion nimmt man eine Lösung von Perchlorsäure, $HClO_4$.)

Kaliumchlorid und andere lösliche Kaliumsalze fällen weißes Kaliumperchlorat, $KClO_4$:

$$KCl + HClO_4 = KClO_4 + HCl$$
$$K^{\cdot} + ClO_4{}' = KClO_4.$$

Nachweis der Säuren des Chlors nebeneinander und neben freiem Chlor.

Freies Chlor kann daran erkannt werden, daß Jodkalium- Cl_2 stärkepapier, das man über die erwärmte Lösung hält, gebläut wird.

Beim Vorhandensein von Hypochlorit auf Chlorid zu fahnden, ist deshalb zwecklos, weil stets Chlorid durch den Zerfall der Hypochlorite entsteht.

Chlorid neben Chlorat läßt sich dadurch finden, daß man Cl' die mit Salpetersäure angesäuerte Lösung tropfenweise mit Silbernitratlösung versetzt, solange noch $AgCl$ ausfällt. (Man schüttle von Zeit zu Zeit tüchtig um.) Wenn alles Cl' aus der Lösung entfernt ist, reduziert man das $ClO_3{}'$ zu Cl', indem man einige Tropfen einer Schwefeldioxydlösung zugibt und kurz auf- kocht; läßt sich danach mit Silbernitrat wieder Cl' nachweisen, so war $ClO_3{}'$ vorhanden. $ClO_3{}'$

Anmerkung: Man überzeuge sich, daß die Schwefeldioxydlösung kräftig nach Schwefeldioxyd riecht. — $ClO_4{}'$ wurde in einem andern $ClO_4{}'$ *Teil des angesäuerten Sodaauszugs mit Kaliumchlorid nachge- wiesen.*

II. Säuren des Broms.

1. Bromwasserstoff, HBr.

Farbloses, stechend riechendes, an der Luft rauchendes Gas. Sehr wasserlöslich. Die wässerige Lösung wird durch den Luft- sauerstoff langsam zu Brom und Wasser oxydiert und färbt sich infolgedessen allmählich braun.

Vorprobe auf Bromide.

Bromide werden beim Erhitzen mit konzentrierter Schwefel- säure (im Glühröhrchen benetzen!) zersetzt. Der dabei ent- stehende Bromwasserstoff wird durch die Schwefelsäure z. T. zu Brom und Wasser oxydiert. Man erhält also ein braun- gelbes Gemisch von Bromwasserstoffgas und Bromdampf.

$$2\,KBr + H_2SO_4 = 2\,HBr + K_2SO_4$$
$$2\,HBr + H_2SO_4 = Br_2 + 2\,H_2O + SO_2.$$

Anmerkung: Ein Stärkekörnchen färbt sich im Dampf rotbraun, bei der entsprechenden Jodprobe (S. 104) violett. — Silberbromid ist gegenüber konzentrierter Schwefelsäure auch in der Hitze nahezu beständig.

Reaktionen auf Br'.

Zur Ausführung der Reaktionen nimmt man eine Lösung von Kaliumbromid, KBr.

a) Chlorwasser macht aus Bromidlösungen Brom frei.

$$2\,KBr + Cl_2 = 2\,KCl + Br_2$$
$$2\,Br' + Cl_2 = 2\,Cl' + Br_2\,.$$

Die mit Chlorwasser versetzte Lösung färbt sich gelb bis braun. Man gibt wenige ccm Chloroform (oder Schwefelkohlenstoff) zu, schüttelt gut durch und läßt absitzen. Das Brom hat sich dann mit brauner Farbe im Chloroform gelöst.

b) Silbernitrat fällt gelblichweißes, käsiges Bromsilber, AgBr.

$$KBr + AgNO_3 = AgBr + KNO_3$$
$$Br' + Ag^{\cdot} \quad = AgBr.$$

Bromsilber löst sich, wie Chlorsilber (S. 10), in **Ammoniak, Kaliumzyanid** und **Natriumthiosulfat** zu Komplexsalzen. Die Löslichkeit in Ammoniak ist etwas geringer, als die des Chlorsilbers. In Wasser und Salpetersäure ist es praktisch unlöslich.

c) Bromide geben, mit der gleichen Menge **Kaliumdichromat** verrieben und mit der dreifachen Menge konzentrierter Schwefelsäure erhitzt, Bromdämpfe.

Man stelle den Versuch in dem Apparat zum Nachweis von Kohlendioxyd (S. 8) an und lege etwas Ammoniak vor. Man erhält eine **farblose** Lösung von Ammoniumbromid, während Stickstoff entweicht. (Wichtig wegen der Unterscheidung von Cl' und Br', siehe S. 106.)

$$6\,KBr + K_2Cr_2O_7 + 7\,H_2SO_4 = 3\,Br_2 + 4\,K_2SO_4 +$$
$$+ Cr_2(SO_4)_3 + 7\,H_2O$$
$$3\,Br_2 + 6\,NH_4OH + 2\,NH_3 = 6\,NH_4Br + N_2 + 6\,H_2O.$$

2. Bromsäure, $HBrO_3$.

Wasserfrei nicht beständig. Wässerige Lösungen enthalten das Bromation BrO_3' und zerfallen langsam unter Bildung von Brom und Sauerstoff.

Vorprobe auf Bromate.

Bromate sind explosiv beim Erhitzen in Mischung mit anderen Stoffen (z. B. Kohle, Schwefel) und mit konzentrierter Schwefelsäure. (Vorsicht! Vgl. Chlorate, S. 100.)

Die Alkalibromate geben, trocken für sich erhitzt, Sauerstoff ab und gehen dadurch in Bromide über. Mit Schwefelsäure in der Kälte behandelt, spalten sie allmählich Brom und Sauerstoff ab:

$$4\,KBrO_3 + 4\,H_2SO_4 = 2\,Br_2 + 5\,O_2 + 4\,KHSO_4 + H_2O.$$

Reaktionen auf BrO_3'.

Zur Ausführung der Reaktionen nimmt man eine Lösung von Kaliumbromat, $KBrO_3$.

a) Silbernitrat fällt weißes Silberbromat, $AgBrO_3$.

$$KBrO_3 + AgNO_3 = AgBrO_3 + KNO_3$$
$$BrO_3' + Ag^{\cdot} = AgBrO_3.$$

Silberbromat ist schwer löslich in Wasser, leicht in Ammoniak und Salpetersäure. Von konzentrierter Schwefelsäure wird es in Brom, Sauerstoff und Silbersulfat aufgespalten. (Unterschied von Silberbromid.)

Anmerkung: Mitunter ist das Silberbromat durch beigemengtes Silberbromid schwach gelb gefärbt.

b) Bariumchlorid fällt aus ziemlich konzentrierten Lösungen weißes Bariumbromat, $Ba(BrO_3)_2$.

$$2\,KBrO_3 + BaCl_2 = Ba(BrO_3)_2 + 2\,KCl$$
$$2\,BrO_3' + Ba^{\cdot\cdot} = Ba(BrO_3)_2.$$

Bariumbromat ist in Wasser ziemlich leicht löslich, ebenso in starken Säuren.

c) Reduktionsmittel (Schwefeldioxyd, Zink und Schwefelsäure, Devardasche Legierung) reduzieren zunächst zu Brom, bei weiterer Einwirkung zu Bromid.

$$2\,KBrO_3 + 5\,SO_2 + 4\,H_2O = Br_2 \quad + K_2SO_4 + 4\,H_2SO_4$$
$$2\,BrO_3' + 5\,SO_2 + 4\,H_2O = Br_2 \quad + 5\,SO_4'' + 8\,H^{\cdot}$$
$$Br_2 + SO_2 \quad + 2\,H_2O = 2\,HBr + H_2SO_4$$
$$Br_2 + SO_2 \quad + 2\,H_2O = 2\,Br' \quad + 4\,H^{\cdot} + SO_4''.$$

III. Säuren des Jods.

1. Jodwasserstoff, HJ.

Farbloses, sehr wasserlösliches, schweres, an der Luft rauchendes Gas. Die wässerigen Lösungen färben sich allmählich durch ausgeschiedenes Jod braun, da sie durch den Luftsauerstoff zu Jod und Wasser oxydiert werden. In der wässerigen Lösung findet sich das Jodidion J'.

Vorprobe auf Jodide.

Beim Erhitzen mit konzentrierter Schwefelsäure spalten Jodide und die übrigen Jodverbindungen (mit Ausnahme von Silberjodid) Jod ab, das violette Dämpfe bildet, die sich an den kälteren Teilen des Glühröhrchens zu einem grauschwarzen, kristallinischen Beschlag von festem Jod verdichten. (Stärkereaktion vgl. S. 102, Anm.)

Reaktionen auf J'.

Zur Ausführung der Reaktionen nimmt man eine Lösung von Jodkalium, KJ.

a) **Silbernitrat** fällt gelbes, käsiges Jodsilber, AgJ.

$$KJ + AgNO_3 = AgJ + KNO_3$$
$$J' + Ag^{\cdot} = AgJ.$$

Jodsilber ist praktisch unlöslich in Wasser und Ammoniak, zu Komplexsalzen löslich dagegen in Kaliumzyanid und Natriumthiosulfat. Die Unlöslichkeit in Ammoniak unterscheidet es von Chlor- und Bromsilber.

b) **Natriumnitrit** in essigsaurer oder schwefelsaurer Lösung bewirkt Abscheidung von Jod. (Bromide reagieren **nicht** analog!)

$$2\,NaNO_2 + 2\,KJ + 2\,H_2SO_4 = J_2 + Na_2SO_4 + K_2SO_4 + 2\,NO + 2\,H_2O$$
$$2\,NO_2' + 2\,J' + 4\,H^{\cdot} = J_2 + 2\,NO + 2\,H_2O.$$

Anmerkung: Man führt die sehr empfindliche Reaktion so aus, daß man zu der zu prüfenden Flüssigkeit etwas Natriumnitritlösung und Chloroform gibt, mit verdünnter Essigsäure oder Schwefelsäure ansäuert und gut durchschüttelt. Das ausgeschiedene Jod wird dann vom Chloroform violett gelöst.

c) **Kupfersulfat** bewirkt ebenfalls Abscheidung von Jod:

$$CuSO_4 + 2\,KJ = CuJ + J + K_2SO_4$$
$$Cu^{\cdot} + 2\,J' = CuJ + J'.$$

d) **Chlorwasser** bewirkt ebenfalls Jodabscheidung:

$$2\,KJ + Cl_2 = 2\,KCl + J_2$$
$$2\,J' + Cl_2 = 2\,Cl' + J_2$$

und in gleicher Art wirkt

e) **Kaliumdichromat** in saurer Lösung:

$$6\,KJ + K_2Cr_2O_7 + 7\,H_2SO_4 = 3\,J_2 + 4\,K_2SO_4$$
$$+ Cr_2(SO_4)_3 + 7\,H_2O$$
$$6\,J' + Cr_2O_7'' + 14\,H\cdot = 3\,J_2 + 2\,Cr\cdots + 7\,H_2O.$$

Anmerkung: Ein Überschuß von Chlorwasser kann Jod zu farbloser Jodsäure bzw. farblosem Jodtrichlorid oxydieren. In diesen Fällen tritt also Entfärbung ein.

f) **Bleiazetat** fällt gelbes Bleijodid, das in viel heißem Wasser farblos löslich ist und in goldglänzenden Blättchen wieder auskristallisiert.

$$2\,KJ + Pb(O_2H_4C_2)_2 = PbJ_2 + 2\,K(C_2H_4O_2)$$
$$2\,J' + Pb\cdot\cdot = 2\,PbJ.$$

2. Jodsäure, HJO_3.

Farblose, zerfließliche Kristalle. Sehr wasserlöslich. In der Lösung das Jodation JO_3'.

Reaktionen auf JO_3'.

Zur Ausführung der Reaktionen nimmt man eine Lösung von Kaliumjodat, KJO_3.

a) **Silbernitrat** fällt weißes, käsiges Silberjodat, $AgJO_3$, das in kaltem Wasser kaum, in heißem Wasser sehr schwer löslich ist. Auch in verdünnter Salpetersäure ist es schwer, leicht dagegen in Ammoniak (unter Komplexsalzbildung) löslich.

$$KJO_3 + AgNO_3 = AgJO_3 + KNO_3$$
$$JO_3' + Ag\cdot = AgJO_3.$$

Aus der ammoniakalischen Lösung scheidet sich bei Zusatz einer Lösung von Schwefeldioxyd gelbes Silberjodid ab.

b) **Kaliumjodid** in Gegenwart von (verdünnter) Schwefelsäure wird zu Jod oxydiert, während das Jodation dadurch zu Jod reduziert wird:

$$5\,KJ + HJO_3 + 3\,H_2SO_4 = 3\,J_2 + 3\,H_2O\,(+ 2\,K_2SO_4 + KHSO_4)$$
$$5\,J' + JO_3' + 6\,H\cdot = 3\,J_2 + 3\,H_2O.$$

Nachweis des abgeschiedenen Jods mit Stärkelösung oder Chloroform.

c) **Bariumchlorid** fällt weißes, in Wasser und verdünnter Salpetersäure schwer lösliches Bariumjodat, $Ba(JO_3)_2$:

$$2\,KJO_3 + BaCl_2 = Ba(JO_3)_2 + 2\,KCl$$
$$2\,JO_3' + Ba^{..} = Ba(JO_3)_2\,.$$

d) **Reduktionsmittel** (vgl. S. 103 unter c) reduzieren zunächst zu Jod, im Überschuß und bei längerer Einwirkung zu farblosem Jodidion J'.

Nachweis von Cl′, Br′ und J′ nebeneinander.

Die zu prüfende Lösung wird mit verdünnter Schwefelsäure angesäuert, mit etwas Chloroform unterschichtet und tropfenweise, unter öfterem Umschütteln, mit Chlorwasser versetzt. J' Bei Anwesenheit von J' färbt sich das Chloroform violett, da sich das ausgeschiedene Jod löst. Man gibt nun langsam und unter Umschütteln weiter Chlorwasser zu, bis das Jod zu JO_3' oxydiert (vgl. S. 105, Anm.) und das Cloroform infolgedessen wieder farblos geworden ist. Bei weiterem Zusatz von Chlor- Br' wasser wird, falls auch Br' anwesend ist, Brom ausgeschieden, das sich im Chloroform mit gelber Farbe löst.

Zur Prüfung auf Cl' dampft man einen Teil der ursprünglichen Lösung zur Trockne, schmilzt den Rückstand mit der dreifachen Menge fein zerriebenen Kaliumbichromats zusammen (im Porzellantiegel vor dem Gebläse) und erhitzt den grob gepulverten Schmelzkuchen mit etwa 5 ccm konzentrierter Schwefelsäure in dem zum Nachweis von Kohlendioxyd dienenden Apparat (S. 8). Brom und Jod gehen elementar über und werden in einigen ccm vorgelegter Natronlauge aufgefangen, in der sie sich zu farblosem (oder schwach gelbem) Natriumhypobromit, -bromat und -bromid, bzw. den entsprechenden Jodverbindungen, lösen. Das Chlor dagegen bildet mit der Chromsäure das hitzebeständige Säurechlorid „Chromylchlorid", CrO_2Cl_2, das ebenfalls überdestilliert und mit der Natronlauge Na_2CrO_4 und NaCl gibt. Findet man also in dem Destillat Cl' Chrom, so ist damit der Nachweis erbracht, daß Cl' vorhanden gewesen sein muß.

Das Destillat wird mit Schwefelsäure angesäuert und mit der Wasserstoffsuperoxydprobe (S. 57, d) Chrom nachgewiesen.

Nachweis von Cyanwasserstoff usw. neben Cl' siehe S. 123.

Säure des Fluors.

Fluor bildet nur eine Säure, nämlich die Fluorwasserstoffsäure, HF (bzw. H_2F_2). Stechend riechendes, sehr wasserlösliches Gas. Die wässerige Lösung heißt Flußsäure. Sie ätzt Glas und muß des-

halb in Flaschen aus Blei oder Guttapercha aufbewahrt werden. Flußsäure erzeugt schmerzhafte, sehr schwer heilende Wunden, wenn sie auf die Haut gelangt.

Vorproben auf Fluorverbindungen.

α) Ätzprobe. Eine Messerspitze der zu prüfenden Substanz wird in einem Platintiegel (oder Bleischälchen) mit wenig konzentrierter Schwefelsäure zu einem halbflüssigen Brei angerührt (zum Rühren nehme man einen Bleidraht). Man bedeckt den Tiegel mit einem Uhrglas und läßt einige Zeit bei gelinder Wärme stehen. Falls Fluorverbindungen vorhanden sind, wird das Uhrglas angeätzt.

Anmerkung. Die Probe ist nicht sehr empfindlich und versagt bei Anwesenheit größerer Mengen von Kieselsäure. Sicherer ist die Wassertropfenprobe.

β) Wassertropfenprobe. Eine Messerspitze der zu prüfenden Substanz wird mit der 6fachen Menge Quarzpulver (Sand) gut gemischt. Eine kleine Menge dieser Mischung rührt man im Platintiegel oder in einem Bleischälchen mit konzentrierter Schwefelsäure zu einem halbflüssigen Brei an, bedeckt mit einem Uhrglas, an dessen Unterseite ein Wassertropfen hängt und läßt einige Zeit stehen. Dann erwärmt man auf etwa 60°. Bei Anwesenheit von Fluor wird der Wassertropfen durch gallertartige Kieselsäure getrübt.

$$CaF_2 + H_2SO_4 = CaSO_4 + 2\,HF$$
$$4\,HF + SiO_2 = SiF_4 + 2\,H_2O$$
$$SiF_4 + 4\,H_2O = H_4SiO_4 + 4\,HF\,.$$

γ) Wenn man Fluoride mit konzentrierter Schwefelsäure in einem Reagensglas erwärmt, so entsteht, infolge des Siliziumgehalts des Glases, gasförmiges Siliziumtetrafluorid, SiF_4, das oft in großen Gasblasen, langsam, in der Art von Öltropfen, in der Flüssigkeit aufsteigt.

Anmerkung. Diese Erscheinung tritt nicht immer ein. Man kann sie aber gelegentlich als Hinweis verwerten. Sehr wichtig ist, daß das Reagensglas fettfrei ist.

Reaktion auf F′.

Zur Ausführung der Reaktion nimmt man eine Lösung von Natriumfluorid, NaF.

Kalziumchlorid fällt weißes, schleimiges Kalziumfluorid, CaF_2, das in verdünnten Säuren sehr schwer löslich ist.

$$CaCl_2 + 2\,NaF = CaF_2 + 2\,NaCl$$
$$Ca^{\cdot\cdot} + 2\,F' = CaF_2\,.$$

Säuren des Schwefels.

1. Schwefelsäure, siehe S. 6.

2. Schwefelwasserstoff, H_2S.

Farbloses, brennbares, wasserlösliches Gas von abscheulichem Geruch. Sehr giftig. In der wässerigen Lösung das Sulfidion S''. Die Sulfide der Alkalien und Erdalkalien sind wasserlöslich.

Vorproben auf Sulfide.

α) Mit verdünnter Schwefelsäure erhitzt, geben viele Sulfide Schwefelwasserstoff, der am Geruch und an der Schwärzung von Bleipapier erkannt werden kann. Zur Herstellung von Bleipapier tränkt man ein Streifchen Filtrierpapier mit Natriumplumbitlösung. Man erhält sie, indem man zu einer Lösung von essigsaurem Blei Natronlauge gibt, bis das ausfallende Bleihydroxyd wieder gelöst ist.

β) Beim Erhitzen mit konzentrierter Schwefelsäure geben alle Sulfide Schwefeldioxyd, kenntlich an seinem stechenden Geruch, während sich Schwefel abscheidet. Z. B.:

$$PbS + 2\,H_2SO_4 = PbSO_4 + S + SO_2 + 2\,H_2O.$$

γ) Wenn man Sulfide in einem beiderseits offenen, etwas schräg in ein Stativ geklemmten, ungefähr 10 cm langen und $^1/_2$ cm weiten Rohr aus schwer schmelzbarem Glas trocken erhitzt („Röstprobe"), so wird Schwefel abgespalten, der in dem das Rohr durchstreichenden Luftstrom zu Schwefeldioxyd verbrennt. Man erkennt das Gas am Geruch und an der Rötung blauen Lackmuspapiers.

Reaktionen auf S''.

Zur Ausführung der Reaktionen nimmt man Schwefelwasserstoffwasser oder eine Lösung von Natriumsulfid, Na_2S.

a) **Silbernitrat** fällt schwarzes Silbersulfid, Ag_2S:

$$Na_2S + AgNO_3 = Ag_2S + NaNO_3$$
$$S'' + 2\,Ag^{\cdot} = Ag_2S.$$

Silbersulfid ist in konzentrierter Salpetersäure löslich.

b) **Essigsaures Blei** (Bleiazetat) fällt schwarzes Bleisulfid, PbS:

$$Pb(O_2H_3C_2)_2 + Na_2S = PbS + 2\,NaO_2H_3C_2$$
$$Pb^{\cdot\cdot} + S'' = PbS.$$

Anmerkung. Manche Sulfide, z. B. Quecksilber(2)sulfid, sind nur sehr schwer in Lösung zu bringen und entziehen sich dadurch leicht dem Nachweis. In solchen Fällen kann man die fragliche Substanz mit einem Körnchen Zinn und etwas konzentrierter Salzsäure im Reagensglas erhitzen. Durch den naszierenden Wasserstoff wird der Schwefel der Sulfide zu Schwefelwasserstoff reduziert, der sich mit Bleipapier (S. 108) in den entweichenden Gasen leicht auffinden läßt. Die Probe ist empfindlich.

3. Schweflige Säure, H_2SO_3.

Die Säure ist nicht wasserfrei zu erhalten, da sie schon bei schwachem Erwärmen in ihr Anhydrid und Wasser zerfällt:

$$H_2SO_3 \rightleftarrows SO_2 + H_2O.$$

Das Anhydrid — Schwefeldioxyd — ist ein sehr wasserlösliches, farbloses Gas von stechendem Geruch. In der wässerigen Lösung findet sich das Sulfition SO_3''. Die Alkalisulfite sind leicht in Wasser löslich.

Vorprobe auf Sulfite.

Schwefelsäure (verdünnte und konzentrierte) macht aus Sulfiten Schwefeldioxyd frei, das an seinem stechenden Geruch erkannt werden kann.

Anmerkung. Aus verdünnten Sulfitlösungen wird beim Zusatz von Schwefelsäure das Schwefeldioxyd mitunter erst beim Erwärmen frei.

Reaktionen auf SO_3''.

Zur Ausführung der Reaktionen nimmt man eine Lösung von Natriumsulfit, Na_2SO_3.

a) **Silbernitrat** fällt kristallinisches, weißes Silbersulfit, Ag_2SO_3:

$$Na_2SO_3 + 2\,AgNO_3 = Ag_2SO_3 + 2\,NaNO_3$$
$$SO_3'' + 2\,Ag^{\cdot} \quad = Ag_2SO_3.$$

Silbersulfit löst sich schwer in Wasser und wird beim Erhitzen in wässeriger Lösung infolge der Abscheidung von Silber grau:

$$2\,Ag_2SO_3 = 2\,Ag + Ag_2SO_4 + SO_2.$$

Leicht löslich in Ammoniak (1), Salpetersäure (2) und überschüssigem Natriumsulfit (3):

$$1)\quad Ag_2SO_3 + 4\,NH_3 \;= [Ag(NH_3)_2]_2SO_3$$
$$ Ag_2SO_3 + 4\,NH_3 \;= 2\,[Ag(NH_3)_2]^{\cdot} + SO_3'';$$
$$2)\quad Ag_2SO_3 + 2\,HNO_3 = 2\,AgNO_3 + SO_2 + H_2O;$$
$$3)\quad Ag_2SO_3 + Na_2SO_3 = Na_2[Ag_2(SO_3)_2].$$

b) **Bariumchlorid** fällt weißes Bariumsulfit, $BaSO_3$, das in verdünnter Salzsäure und Salpetersäure leicht löslich ist. (Unterschied von Bariumsulfat.)

$$Na_2SO_3 + BaCl_2 = BaSO_3 + 2\,NaCl$$
$$SO_3'' + Ba^{\cdot\cdot} = BaSO_3\,.$$

c) **Kalziumchlorid** fällt aus neutralen Sulfitlösungen weißes Kalziumsulfit, $CaSO_3$:

$$CaCl_2 + Na_2SO_3 = CaSO_3 + 2\,NaCl$$
$$Ca^{\cdot\cdot} + SO_3'' = CaSO_3\,.$$

Kalziumsulfit löst sich leicht in einer wässerigen Lösung von Schwefeldioxyd zu Kalziumbisulfit, $Ca(HSO_3)_2$:

$$CaSO_3 + H_2O + SO_2 \rightleftarrows Ca(HSO_3)_2\,.$$

Beim Kochen dieser Lösung fällt wieder weißes Kalziumsulfit aus, während Schwefeldioxyd entweicht.

d) **Oxydierende Stoffe**, z. B. Kaliumpermanganat, Jod u. a., werden reduziert. Dadurch geht das violette Permanganat (in saurer Lösung) in farbloses Mangan(2)salz, das braune Jod (in neutraler Lösung) in farbloses Jodion über. Bei der Oxydation mit Kaliumpermanganat entstehen aus dem Schwefeldioxyd wechselnde Gemische von Sulfaten und Polythionsäuren, deren Zusammensetzung von den Versuchsbedingungen abhängt.

Die Oxydation mit Jodlösung erfolgt nach der Reaktionsgleichung:

$$J_2 + H_2O + Na_2SO_3 = 2\,HJ + Na_2SO_4$$
$$J_2 + H_2O + SO_3'' = 2\,H^{\cdot} + 2\,J' + SO_4''\,.$$

Anmerkung: Bei der Ausführung der Versuche verwende man eine sehr verdünnte (etwa hellrosafarbene) und schwach mit Schwefelsäure angesäuerte Kaliumpermanganatlösung einerseits, eine sehr verdünnte (hellbraune) alkoholische Jodlösung andererseits. Die bei der Umsetzung mit Jod entstehende Jodwasserstoffsäure kann mit Lackmuspapier nachgewiesen werden. (Unterschied von der Reaktion der Thiosulfate mit Jod!) Man setze für diesen Nachweis so lange Jodlösung zu, als noch Entfärbung stattfindet und prüfe dann mit blauem Lackmuspapier.

Thioschwefelsäure, $H_2S_2O_3$.

Die freie Säure ist nicht beständig, sondern zerfällt in Schwefeldioxyd, Schwefel und Wasser. In der wässerigen Lösung ihrer Salze findet sich das Thiosulfation S_2O_3''. Die Alkalithiosulfate sind leicht in Wasser löslich.

Vorprobe auf Thiosulfate.

Thiosulfate geben beim Erhitzen mit verdünnter und konzentrierter Schwefelsäure Schwefeldioxyd, das am Geruch erkannt werden kann, und Schwefel, der die Lösung milchig trübt.

Reaktionen auf S_2O_3''.

Zur Ausführung der Reaktionen nimmt man eine Lösung von Natriumthiosulfat, $Na_2S_2O_3$.

a) **Silbernitrat** fällt weißes Silberthiosulfat, das sich infolge Zersetzung in Silbersulfid (und Schwefelsäure) rasch gelb und schließlich schwarz färbt.

$$2\,AgNO_3 + Na_2S_2O_3 = Ag_2S_2O_3 + 2\,NaNO_3$$
$$2\,Ag^{\cdot} + S_2O_3'' = Ag_2S_2O_3.$$
$$Ag_2S_2O_3 + H_2O = Ag_2S + H_2SO_4.$$

In überschüssigem Natriumthiosulfat löst sich Silberthiosulfat wieder auf unter Bildung des Komplexsalzes $Na_2[Ag_2(S_2O_3)_2]$.

b) **Bariumchlorid** fällt weißes, kristallinisches Bariumthiosulfat, $Ba_2S_2O_3$, das leicht in heißem Wasser löslich ist.

$$BaCl_2 + Na_2S_2O_3 = BaS_2O_3 + 2\,NaCl$$
$$Ba^{\cdot\cdot} + S_2O_3'' = BaS_2O_3.$$

Anmerkung: Bariumthiosulfat neigt sehr zur Bildung übersättigter Lösungen. Falls sich das Ausfallen des Niederschlags verzögert, befördere man es durch Reiben mit einem Glasstab.

c) **Verdünnte Säuren** bewirken in Thiosulfatlösungen die Abscheidung von Schwefel. Sehr empfindliche Reaktion! Das gleichzeitig entstehende Schwefeldioxyd kann oft bei gelindem Erwärmen der Lösung am Geruch erkannt werden.

$$2\,HCl + Na_2S_2O_3 = S + SO_2 + H_2O + 2\,NaCl.$$

Anmerkung: Je nach der Konzentration der Lösungen dauert es einige Sekunden bis zu Minuten, bis der Schwefel ausfällt. Das kommt daher, daß die zunächst sehr kleinen (hoch-dispersen) Schwefelteilchen eine gewisse Zeit benötigen, bis sie sich zu sichtbaren Teilchen zusammengeballt haben. Die Gegenwart von Sulfiten kann die Reaktion stark verzögern, unter Umständen sogar verhindern.

d) **Jodlösung,** in Thiosulfatlösungen getropft, wird unter Bildung von Tetrathionat entfärbt:

$$2\,Na_2S_2O_3 + J_2 = 2\,NaJ + Na_2S_4O_6$$
$$2\,S_2O_3'' + J_2 = 2\,J' + S_4O_6''.$$

Da hier keine Wasserstoffionen entstehen, bleibt die Reaktion der Lösung neutral. (Unterschied von Sulfiten, vgl. S. 110.)

Perschwefelsäure, $H_2S_2O_8$.

Wasserfrei nicht erhältlich. Salze in festem Zustand haltbar, in wässeriger Lösung unbeständig. In den Lösungen das Persulfation S_2O_8''. Persulfate sind sehr starke Oxydationsmittel Da sie Sulfide, Sulfite und Thiosulfate zu Sulfaten oxydieren, ist bei Anwesenheit von S_2O_8'' eine Prüfung auf die Ionen der genannten Säuren überflüssig.

Ammoniumpersulfat löst sich in Wasser mit sehr charakteristischem Knistern.

Vorprobe auf Persulfate.

Bei tiefer Temperatur (0^0) werden Persulfate durch (sehr stark mit Schwefelsäure angesäuertes) Wasser in Sulfomonopersäure (Carosche Säure), H_2SO_5, und Schwefelsäure übergeführt:

$$H_2S_2O_8 + H_2O = H_2SO_5 + H_2SO_4 .$$

Die Carosche Säure ist daran zu erkennen, daß sie aus Kaliumjodidlösungen sofort Jod frei macht.

Reaktionen auf S_2O_8''.

Zur Ausführung der Reaktionen nimmt man eine Lösung von Ammoniumpersulfat, $(NH_4)_2S_2O_8$.

a) **Silbernitrat** fällt aus konzentrierten Lösungen schwarzes Silberperoxyd, Ag_2O_2:

$$2\,AgNO_3 + (NH_4)_2S_2O_8 + 2\,H_2O = Ag_2O_2 + 2\,(NH_4)HSO_4 + 2\,HNO_3 .$$

b) **Bariumchlorid** gibt beim Kochen einen Niederschlag von Bariumsulfat, da in der Hitze Persulfatlösungen nach:

$$(NH_4)_2S_2O_8 + H_2O = (NH_4)_2SO_4 + H_2SO_4 + O$$

zerfallen.

c) **Mangan(2)sulfat** wird sowohl in alkalischer, als in neutraler und schwach saurer Lösung zu schwarzem **Mangandioxydhydrat**, $MnO(OH)_2$, oxydiert:

$$MnSO_4 + (NH_4)_2S_2O_8 + 3\,H_2O$$
$$= MnO(OH)_2 + 2\,H_2SO_4 + (NH_4)_2SO_4$$
$$Mn^{\cdot\cdot} + S_2O_8'' + 3\,H_2O = MnO(OH)_2 + 4\,H^{\cdot} + SO_4'' .$$

Nachweis von S'', S_2O_3'' und SO_3'' nebeneinander.

Nach AUTENRIETH und WINDAUS wird die wässerige Lösung der Alkalisalze der drei Säuren mit Kadmiumkarbonat geschüttelt, das man mit etwas Wasser aufgeschlämmt hat. Nachdem man einige Minuten geschüttelt hat — zweckmäßig bedient man sich hierzu einer Stöpselflasche —, filtriert man ab. Bei Anwesenheit von S'' erhält man einen gelben Niederschlag $\quad S''$ von Kadmiumsulfid, der nach S. 32 identifiziert werden kann.

Das Filtrat wird mit einem Überschuß von Strontiumnitratlösung versetzt. Man läßt über Nacht stehen und filtriert den die Anwesenheit von SO_3'' beweisenden Niederschlag von weißem Strontiumsulfit ab. Der Niederschlag wird auf dem Filter mit verdünnter Salzsäure in Lösung gebracht, wodurch man als Filtrat ein Gemisch von Strontiumchlorid und Schwefeldioxyd erhält:

$$SrSO_3 + 2\,HCl = SrCl_2 + SO_2 + H_2O\,.$$

Das Schwefeldioxyd wird im Filtrat durch Entfärbung von Jodlösung identifiziert. Da SO_2 dabei zu SO_4'' oxydiert wird, fällt $\quad SO_3''$ weißes Strontiumsulfat aus.

Ein anderer Teil des Filtrats vom Strontiumsulfitniederschlag wird aufgekocht, um die Hauptmenge des gelösten Schwefeldioxyds zu entfernen und dann, nachdem man etwas hat abkühlen lassen, mit Salzsäure angesäuert. Abscheidung von Schwefel zeigt die Gegenwart von S_2O_3'' an. $\quad S_2O_3''$

Säuren des Stickstoffs.

1. **Salpetersäure, HNO_3,** siehe S. 6.

2. **Salpetrige Säure, HNO_2.**

Wasserfrei nicht beständig. Auch sehr verdünnte, wässerige Lösungen der Säure sind nur bei tiefen Temperaturen haltbar. Bei höheren zersetzen sie sich nach:

$$2HNO_2 = NO + NO_2 + H_2O\,.$$

In den Lösungen der Säure und ihrer Salze findet sich das Nitrition NO_2'. Die Nitrite oxydieren sich in wässeriger Lösung bei Luftzutritt langsam zu Nitraten. In festem Zustand sind sie beständig. Alle Nitrite sind wasserlöslich.

Vorprobe auf Nitrite.

Essigsäure macht aus Nitriten salpetrige Säure frei, die in Stickstoffmonoxyd und Stickstoffdioxyd zerfällt. Es treten also die braunen Dämpfe des Stickstoffdioxyds auf, um so mehr, als das Monoxyd mit dem Luftsauerstoff sofort Dioxyd bildet:

$$2\,NaNO_2 + 2\,HO_2CCH_3 + O = 2\,NO_2 + 2\,NaO_2CCH_3 + H_2O.$$

Anmerkung: Schwefelsäure wirkt ebenso, aber auch auf Nitrate!

Reaktionen auf NO_2'.

Zur Ausführung der Reaktionen nimmt man Natriumnitrit, $NaNO_2$.

a) **Silbernitrat** fällt weißes, kristallinisches Silbernitrit, $AgNO_2$.

$$AgNO_3 + NaNO_2 = AgNO_2 + NaNO_3$$
$$Ag^{\cdot} + NO_2' = AgNO_2.$$

Silbernitrit ist ziemlich schwer in kaltem, wesentlich leichter in siedendem Wasser löslich. Aus der wässerigen Lösung kristallisiert es in feinen Nädelchen wieder aus.

b) **Jodwasserstoff** wird zu freiem Jod oxydiert:

$$HJ + NO_2' + H^{\cdot} = J + NO + H_2O.$$

Versetzt man demnach eine Kaliumjodidlösung mit etwas Essigsäure und wenigen Tropfen Stärkelösung, so tritt auf Zusatz einer Nitritlösung · sofort Bläuung infolge Bildung von Jodstärke ein:

$$KJ + 2\,HC_2H_3O_2 + NaNO_2$$
$$= J + NO + KC_2H_3O_2 + NaC_2H_3O_2 + H_2O.$$

c) **Ferrosulfatlösung** gibt mit Nitriten schon auf Zusatz von Essigsäure einen brauen Ring, während er sich bei Salpetersäure erst auf Zugabe von konzentrierter Schwefelsäure bildet.

Sehr empfindliche Probe! Über die Ausführung vgl. S. 7.

d) **Kaliumpermanganat** wird in schwach schwefelsaurer Lösung durch Nitrite zu farblosem Manganosalz reduziert:

$$2\,KMnO_4 + 5\,NaNO_2 + 3\,H_2SO_4$$
$$= 2\,MnSO_4 + K_2SO_4 + 5\,NaNO_3 + 3\,H_2O,$$
$$2\,MnO_4' + 5\,NO_2' + 6\,H^{\cdot} = 2\,Mn^{\cdot\cdot} + 5\,NO_3' + 3\,H_2O.$$

Anmerkung: Gegenüber MnO_4' verhalten sich also Nitrite reduzierend.

Nachweis von NO_2' neben NO_3'.

NO_2' neben NO_3' kann durch die Ferrosulfatprobe mit Essigsäure leicht erkannt werden. Da aber NO_3' den braunen Ring mit Ferrosulfat nur mit konzentrierter Schwefelsäure gibt und

NO_2' dies ebenfalls tut, so muß man das Nitrit vor der Probe auf Nitrat zerstören.

Hierzu versetzt man das Nitrit-Nitratgemisch in einer Kochflasche mit etwas verdünnter Schwefelsäure und 1 g Ammoniumchlorid, verschließt mit einem durchbohrten Korken, der ein etwa 1 m langes und 1 cm weites Glasrohr trägt, und erhält ungefähr $^1/_2$ Stunde im Sieden. Dadurch wird das Nitrit unter Abspaltung von Stickstoff zerstört:

$$NH_4Cl + NaNO_2 = NaCl + N_2 + 2\,H_2O$$
$$NH_4{}^{\cdot} + NO_2' = N_2 + H_2O .$$

Die so vorbehandelte Lösung wird auf NO_3' geprüft.

Anmerkung: Nicht nur durch den Luftsauerstoff (dessen Ausschluß das lange, als „Rückflußkühler" wirkende Glasrohr bezweckt) entstehen kleine Mengen Nitrat aus Nitrit, sondern auch bei der Umsetzung mit Ammoniumchlorid selbst entstehen stets Spuren von Nitrat, infolge teilweiser Oxydation von salpetriger Säure zu Salpetersäure:

$$3\,HNO_2 = HNO_3 + 2\,NO + H_2O .$$

Bei der großen Empfindlichkeit der Ferrosulfatprobe kann also NO_3' nur dann als vorhanden im analytischen Sinn angesehen werden, wenn die Ferrosulfatprobe stark positiv ausfällt.

Säuren des Phosphors.

1. Orthophosphorsäure, H_3PO_4, siehe S. 34.

2. Metaphosphorsäure, HPO_3.

Die Metaphosphorsäure entsteht aus der Orthophosphorsäure durch Abgabe eines Moleküls Wasser. Metaphosphate entstehen beim Glühen gewisser Orthophosphate; z. B. gibt Natriumammoniumphosphat („Phosphorsalz") beim Glühen Natriummetaphosphat und Ammoniak:

$$NaNH_4HPO_4 = NaPO_3 + NH_3 + H_2O .$$

Metaphosphorsäure ist eine feste, glasige, an der Luft allmählich zerfließende Masse. In ihrer wässerigen Lösung und in der ihrer Salze findet sich das Metaphosphation PO_3'. Metaphosphorsäure ist nicht einheitlich, sondern meist ein Gemisch verschiedener Polymeren: $(HPO_3)_n$. Überwiegend findet sich die Trimetaphosphorsäure $(HPO_3)_3$. (TAMANN u. a.) In Berührung mit Wasser, schneller beim Erwärmen mit verdünnten Säuren, gehen die Metaphosphate in Phosphate über.

Reaktionen auf PO₃′.

Man verwendet eine Lösung von Natriummetaphosphat, NaPO₃ (bzw. (NaPO₃)₃, vgl. oben), erhalten durch Glühen und rasches Abkühlen von Natriumammoniumphosphat.

a) **Silbernitrat** fällt weißes, in Salpetersäure, Ammoniak und in überschüssigem Metaphosphat lösliches Silbermetaphosphat, $AgPO_3$:

$$NaPO_3 + AgNO_3 = AgPO_3 + NaNO_3$$
$$PO_3' + Ag^{\cdot} = AgPO_3 \, .$$

b) **Bariumchlorid** fällt weißes, voluminöses Bariummetaphosphat, $Ba(PO_3)_2$. Es ist in überschüssigem Natriummetaphosphat zu Bariumnatriummetaphosphat löslich.

$$BaCl_2 + 2\,NaPO_3 = Ba(PO_3)_2 + 2\,NaCl \, .$$

c) **Eiweißlösung** (eine wässerige Lösung von Hühnereiweiß) wird von freier Metaphosphorsäure sofort, von ihren Salzen nach Ansäuern mit Essigsäure, flockig ausgefällt (koaguliert). Sehr charakteristisches Unterscheidungsmerkmal von Ortho- und Pyrophosphorsäure und deren Salzen.

3. Pyrophosphorsäure, H₄P₂O₇.

Pyrophosphate entstehen beim Erhitzen von Orthophosphaten durch Abgabe von Wasser, z. B.:

$$2\,NaHPO_4 = Na_4P_2O_7 + H_2O \, .$$

Die Säure ist zweibasisch und bildet sekundäre und quaternäre Salze. In den wässerigen Lösungen findet sich das Pyrophosphation, P_2O_7''''. Die freie Säure bildet eine glasige, farblose, leicht wasserlösliche Masse. Geht unter Aufnahme von Wasser in Orthophosphorsäure über:

$$H_4P_2O_7 + H_2O \rightleftarrows 2\,H_3PO_4 \, .$$

Reaktionen auf P₂O₇′′′′.

Zur Ausführung der Reaktionen verwende man eine Lösung von Natriumpyrophosphat, $Na_4P_2O_7$.

a) **Silbernitrat** fällt weißes, käsiges Silberpyrophosphat, $Ag_4P_2O_7$, das in Salpetersäure und Ammoniak löslich ist.

$$4\,AgNO_3 + Na_4P_2O_7 = Ag_4P_2O_7 + 4\,NaNO_3$$
$$4\,Ag + P_2O_7'''' = Ag_4P_2O_7 \, .$$

b) **Bariumchlorid** fällt weißes, amorphes Bariumpyrophosphat, $Ba_2P_2O_7$, das in Salpetersäure, nicht aber in Essigsäure löslich ist. (Unterschied von Bariumorthophosphat.)

$$2\,BaCl_2 + Na_4P_2O_7 = Ba_2P_2O_7 + 4\,NaCl$$
$$2\,Ba^{\cdot\cdot} + P_2O_7'''' = Ba_2P_2O_7.$$

c) **Zinksulfat** in stark essigsaurer Lösung fällt in der Siedehitze weißes Zinkpyrophosphat, $Zn_2P_2O_7$:

$$2\,ZnSO_4 + Na_4P_2O_7 = Zn_2P_2O_7 + 2\,Na_2SO_4$$
$$2\,Zn^{\cdot\cdot} + P_2O_7'''' = Zn_2P_2O_7.$$

3. Phosphorige Säure, H_3PO_3.

Leicht zerfließliche, sehr wasserlösliche, farblose Kristalle. In der wässerigen Lösung findet sich das Phosphition PO_3'''. Die Säure ist zweibasisch und bildet primäre und sekundäre Salze. Starkes Reduktionsmittel.

Vorprobe auf Phosphite.

Beim trocknen Erhitzen im Glührohr geben Phosphite, unter Zerfall in Phosphate und Pyrophosphate, gasförmigen Phosphorwasserstoff ab, der an seinem sehr unangenehmen Geruch nach faulenden Fischen und Knoblauch erkannt werden kann.

Reaktionen auf HPO_3''.

Zur Ausführung der Reaktionen nimmt man eine Lösung von Natriumphosphit, $Na_2HPO_3 . 5\,H_2O$.

a) **Silbernitrat** fällt weißes Silberphosphit, Ag_2HPO_3, das in Salpetersäure und Ammoniak löslich ist.

$$2\,AgNO_3 + Na_2HPO_3 = Ag_2HPO_3 + 2\,NaNO_3$$
$$2\,Ag^{\cdot} + HPO_3'' = Ag_2HPO_3.$$

b) **Bariumchlorid** fällt weißes, in den gebräuchlichen Säuren, auch Essigsäure, lösliches Bariumphosphit, $BaHPO_3$:

$$BaCl_2 + Na_2HPO_3 = BaHPO_3$$
$$Ba^{\cdot\cdot} + HPO_3'' = BaHPO_3.$$

c) **Quecksilber(2)chlorid** wird (in der Wärme) rasch zu weißem Quecksiber(1)chlorid und weiter zu grauem Quecksilber reduziert; letzteres aber nur in Gegenwart überschüssigen Phosphits.

$$2\,HgCl_2 + Na_2HPO_3 + H_2O = 2\,HgCl + 2\,NaCl + H_3PO_4$$
$$2\,Hg^{\cdot\cdot} + HPO_3'' + H_2O = 2\,HgCl + 2\,Cl' + 3\,H^{\cdot} + PO_4'''.$$
$$2\,HgCl + Na_2HPO_3 + H_2O = 2\,Hg + 2\,NaCl + H_3PO_4$$
$$2\,Hg^{\cdot} + HPO_3'' + H_2O = 2\,Hg + 2\,Cl' + 3\,H^{\cdot} + PO_4'''.$$

Säuren des Arsens siehe S. 17 ff.

Borsäure, H_3BO_3.

Die Säure kommt als Sassolin natürlich vor. Am häufigsten findet sich Bor als Natriumtetraborat, $Na_2B_4O_7 . 10\,H_2O$ (Borax).

Borsäure kristallisiert in weißen, fettglänzenden, wasserlöslichen Schuppen. In der wässerigen Lösung das Boration BO_3'''. Außer der Orthoborsäure H_3BO_3 (entstanden zu denken aus $B_2O_3 + 3\,H_2O$) sind noch bekannt: Metaborsäure, $HBO_2(B_2O_3 + H_2O)$ und Tetraborsäure (Pyroborsäure) $H_2B_4O_7(2\,B_2O_3 + H_2O)$. Die Borate leiten sich von der Meta- und Tetraborsäure ab. Alle Borsäuren sind weiße, kristallisierte, wasserlösliche Verbindungen und sehr schwache Säuren. In ihren Reaktionen unterscheiden sie sich nicht voneinander.

Vorprobe auf Borate.

Man rührt in einem Reagensglas etwa eine Messerspitze der zu prüfenden Substanz und etwas Methylalkohol mit einem Glasstab zu einem dünnen Brei an, gibt einige Tropfen konzentrierte Schwefelsäure zu und läßt das Ganze verkorkt einige Minuten stehen. Dann erwärmt man, nach Entfernung des Korkes, bis der Alkohol zu sieden beginnt und zündet die entweichenden Dämpfe an. (Reagensglashalter!) Bei Anwesenheit von Boraten ist die Flamme durch Borsäuremethylester lebhaft grün gefärbt. Sehr empfindliche Probe!

Erklärung: „Ester" sind Verbindungen, die unter Wasseraustritt aus einer Säure und einem Alkohol entstehen, ähnlich wie sich Salze aus einer Säure und einer Lauge bilden:

$$B \begin{cases} O \\ O \\ O \end{cases} \!\!\! \begin{array}{|c c|} H & OH \\ H + OH \\ H & OH \end{array} \!\!\! \begin{array}{l} .\,CH_3 \\ .\,CH_3 \\ .\,CH_3 \end{array} \rightleftarrows BO_3(CH_3)_3 + 3\,H_2O.$$

Borsäure   Methylalkohol   Borsäuremethylester.

Der Zusatz von Schwefelsäure bezweckt die Freimachung der Borsäure und Bindung des bei der Reaktion entstehenden Wassers, da von ihm der Ester im Sinn des unteren Pfeils wieder in Alkohol und Säure gespalten („verseift") werden würde.

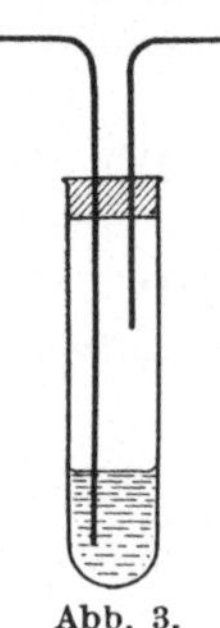

Abb. 3.

Anmerkung: Da Kupferverbindungen, ferner Bariumverbindungen und gewisse organische halogenhaltige Stoffe ebenfalls die Flamme mehr oder minder stark grün färben, ist die Probe bei Anwesenheit von Kupfer, Barium und viel Halogen nicht völlig verläßlich. In diesem Falle ändert man den Versuch — nach Böttger — so ab, daß man in einem zu einer kleinen Waschflasche hergerichteten Reagensglas (Abb. 3) die fein gepulverte Substanz mit etwa 5 ccm Methylalkohol und wenigen Tropfen konzentrierter Schwefelsäure über kleiner Flamme zum

Sieden erhitzt. Nun bläst man durch das lange Glasrohr einen schwachen Luftstrom und hält die Mündung des kurzen Rohres in die Luft- löcher eines mit entleuchteter Flamme brennenden Bunsenbrenners. Bei Anwesenheit von Boraten wird die Flamme grün gefärbt. Um einen gleichmäßigen, nicht zu schwachen Luftstrom zu er- zielen, zieht man zweckmäßig das in die Flüssigkeit tauchende Ende des Glasrohrs zu einer feinen Spitze aus.

Die Probe beruht auf der Flüchtigkeit des Borsäuremethylesters und der Nichtflüchtigkeit von Kupfer- und Bariumverbindungen. Da man auch bei der ersten Ausführungsform nur die Dämpfe zum Nachweis verwendet, kann man bei sehr sorgfältigem Arbeiten (gelindes Sieden, langes Reagensglas, nötigenfalls mit Glaswolle- pfropfen!) auch mit ihr zum Ziel kommen. Der zweite Weg ist auch für wenig Geübte völlig sicher.

Reaktionen auf BO_3'' (bzw. BO_2' und B_4O_7'').

Zur Ausführung der Reaktionen nimmt man eine Lösung von Borax, $Na_2B_4O_7 . 10 H_2O$.

a) **Silbernitrat** fällt aus nicht zu verdünnten, kalten Lösungen weißes Silbermetaborat, $AgBO_2$:

$$Na_2B_4O_7 + 2 AgNO_3 + 3 H_2O = 2 AgBO_2 + 2 H_3BO_3 + 2 NaNO_3$$
$$B_4O_7'' + 2 Ag\cdot + 3 H_2O = 2 AgBO_2 + 2 H_3BO_3.$$

Silbermetaborat löst sich in Salpetersäure und Ammoniak. Beim Erwärmen in wässeriger Lösung wird es zu braunem Silberoxyd und Borsäure hydrolysiert:

$$2 AgBO_2 + 3 H_2O = Ag_2O + 2 H_3BO_3.$$

b) **Bariumchlorid** fällt aus nicht zu verdünnten Lösungen weißes amorphes Bariummetaborat, $Ba(BO_2)_2$, löslich in Ammo- niumchlorid, Salpetersäure und im Überschuß des Fällungs- mittels.

$$Na_2B_4O_7 + BaCl_2 + 3 H_2O = Ba(BO_2)_2 + 2 H_3BO_3 + 2 NaCl$$
$$B_4O_7'' + Ba\cdot\cdot + 3 H_2O = Ba(BO_2)_2 + 2 H_3BO_3.$$

c) **Kurkumapapier,** das man in die schwach salzsaure Lösung eines Borats taucht, färbt sich braunrot, wenn es (am besten im Trockenschrank bei 100^0) getrocknet wird. Beim Befeuchten mit verdünnter Natronlauge verändert sich die Fär- bung in Graublau bis Blauschwarz.

Anmerkung: Molybdän-, Tantal-, Zirkonsäure u. a. geben die gleiche Reaktion!

Ausschaltung der Borsäure im Gang der Analyse.

Da die Erdalkaliborate in neutralen und alkalischen Flüssigkeiten unlöslich sind, fallen sie leicht mit der Schwefelammoniumgruppe aus. Falls man also Borsäure festgestellt hat, tut man gut, bei der Ausfällung der Schwefelammoniumgruppe vor Zugabe von Schwefelammonium einen großen Überschuß von festem Ammoniumchlorid zuzusetzen, in dem Erdalkaliborate löslich sind. Man fällt dann (nach Lösung des Ammoniumsalzes) wie gewöhnlich mit Schwefelammonium, filtriert vom Niederschlag ab, dampft das Filtrat zur Trockne, verjagt die Ammonsalze durch Glühen (Abzug!) und fällt dann erst aus dem gelösten Rückstand die Erdalkalien in der üblichen Weise.

Kieselsäure.

Vom Siliziumdioxyd, SiO_2, leiten sich eine große Zahl von Kieselsäuren mit wechselndem Wassergehalt ab, deren Salze als Gesteine (u. a. Glimmer, Feldspat, Kaolin) verbreitet sind. Keine der Säuren (H_4SiO_4 Orthokieselsäure, H_2SiO_3 Metakieselsäure, ferner Polykieselsäuren: $H_2Si_2O_5$, $H_2Si_4O_6$ u. a.) ist bis jetzt völlig rein dargestellt worden. Von den Salzen der Kieselsäuren (Silikate) sind die der Alkalien wasserlöslich. Alle anderen lösen sich nicht in Wasser, sind aber z. T. durch Salzsäure zersetzbar. Andere werden auch durch Salzsäure nicht angegriffen.

Durch Salzsäure zersetzbar sind u. a. Ultramarine, Zemente, sowie die natürlich vorkommenden Zeolithe.

Unzersetzbar sind u. a. die meisten der natürlich vorkommenden Silikate, ferner Porzellan und Glas.

Aufschluß von Silikaten.

Vorprobe auf Silikate.

Silikate können mitunter beim Umrühren der aufgeschwemmten Substanz mit dem Glasstab an dem Knirschen der harten Siliziumverbindungen erkannt werden. Dies ist natürlich nur ein gelegentlicher Hinweis, nicht mehr! —

Eine kleine Menge der sehr fein gepulverten Substanz wird mit etwa der doppelten Menge gepulverten Kalziumfluorids und der 6 fachen Menge konzentrierter Schwefelsäure in einem Platintiegel oder einer Bleischale mit einem Platin- oder Bleidraht zu einem Brei angerührt. Der Tiegel wird mit einem Uhrglas überdeckt, an dessen Unterseite ein Wassertropfen hängt und, nachdem man etwa 10 Minuten hat stehen lassen, sehr gelinde — auf etwa 60—70⁰ — erwärmt. Bei Anwesenheit von Silikaten trübt sich der Wassertropfen, da das zunächst entstehende gasförmige Siliziumtetrafluorid mit Wasser unter Abscheidung gallertiger Kieselsäure reagiert, z. B.:

$$MgSiO_3 + 2\,CaF_2 + 3\,H_2SO_4$$
$$= SiF_4 + MgSO_4 + 2\,CaSO_4 + 3\,H_2O$$
$$3\,SiF_4 + 3\,H_2O = H_2SiO_3 + 2\,H_2[SiF_6].$$

Anmerkung: Die Probe ist sehr empfindlich. Man hüte sich, durch zu starkes Erhitzen ein Spritzen der Masse herbeizuführen und überzeuge sich durch einen blinden Versuch davon, daß das angewandte Kalziumfluorid kieselsäurefrei ist.

Reaktionen auf SiO$_3''$ (bzw. SiO$_4''''$ u. a., vgl. S. 120).

a) **Salzsäure** fällt aus Silikatlösungen gallertige Kieselsäure. Ein Teil bleibt kolloid gelöst, wird aber bei wiederholtem Abdampfen und Abrauchen mit Salzsäure völlig ausgeflockt.

b) **Ammoniumsalze** fällen ebenfalls gallertige Kieselsäure.

c) **Zinkoxydammoniak** — $[Zn(NH_3)_6](OH)_2$ — erhalten durch Auflösen von mit Ammoniak gefälltem Zinkhydroxyd im Überschuß des Fällungsmittels — fällt ein weißes Gemisch von Zinksilikat, Zinkhydroxyd und Kieselsäure.

Durch Salzsäure zersetzbare Silikate werden in möglichst fein gepulvertem Zustand (das Pulver darf beim Reiben nicht mehr knirschen) mit verdünnter Salzsäure auf dem Wasserbad zur Trockne gedampft. (Abzug!) Man raucht dann nochmals mit wenigen Tropfen konzentrierter Salzsäure ab und trocknet den Rückstand eine Stunde lang im Trockenschrank. Dann feuchtet man mit etwas Wasser an, übergießt mit konzentrierter Salzsäure, läßt $^1/_2$ Stunde stehen, verdünnt mit heißem Wasser und filtriert. Nachdem man das Filtrat zur Trockne gedampft und den Rückstand abermals in der angegebenen Weise mit Salzsäure abgeraucht hat, ist das sich nunmehr ergebende Filtrat kieselsäurefrei. Es wird etwas eingeengt und auf Metalle untersucht.

Anmerkung: Da Arsen mit Salzsäure flüchtig ist, empfiehlt es sich, schon möglichst frühzeitig, d. h. nach der ersten Behandlung mit Salzsäure, in einer kleinen abfiltrierten Probe auf Arsen zu prüfen, falls dieses Element vorhanden sein könnte. — Die bei dem Salzsäureaufschluß unlöslich zurückbleibende Kieselsäure wird auf Reinheit geprüft, indem man eine Probe im Platintiegel mit konzentrierter Schwefelsäure anfeuchtet und dann 3 ccm reine Flußsäure zusetzt. Man verdampft zunächst auf dem Wasserbad

(Abzug!) und raucht schließlich die Schwefelsäure über kleiner Flamme ab. (Abzug!) Falls die Kieselsäure rein war, bleibt kein nennenswerter Rückstand. Sollte es doch der Fall sein, so muß der Aufschluß wiederholt werden.

Unzersetzbare Silikate werden aufgeschlossen entweder durch Sodaschmelze oder mit Flußsäure. Der erstgenannte Weg ist einfacher, aber nur dann anwendbar, wenn man keine Prüfung auf Alkalien vorzunehmen braucht.

a) Aufschluß mit Soda.

Das sehr fein gepulverte Silikat wird, im Platintiegel, mit der 6fachen Menge einer Mischung gleicher Teile kalzinierter Soda und Pottasche über kleiner Flamme geschmolzen und dann, unter zeitweiligem Umrühren mit einem Platindraht, so lange bei höherer Temperatur erhitzt, als noch ein Schäumen der Masse infolge Entwicklung von Kohlendioxyd stattfindet. Hierbei setzen sich die Erdalkali- und Schwermetallsilikate zu wasserlöslichen Alkalisilikaten und den entsprechenden Metallkarbonaten um. Endlich schmilzt man noch etwa 10 Minuten lang vor dem Gebläse, schreckt durch Aufspritzen von Wasser auf (nicht „in"!) den Tiegel ab und löst den zerkleinerten Schmelzkuchen in Wasser. Ein Teil der Lösung wird zur Prüfung auf Säuren aufgehoben, der andere mit konzentrierter Salzsäure zersetzt und zur Trockne gedampft. (Abzug!) Die Kieselsäure scheidet sich dabei ab. Sie wird durch nochmaliges Abrauchen mit konzentrierter Salzsäure völlig wasserunlöslich gemacht. Der Trockenrückstand wird abermals mit konzentrierter Salzsäure angefeuchtet, mit Wasser aufgenommen, erwärmt und abfiltriert. Das Filtrat, zu dem man das Waschwasser der abfiltrierten Kieselsäure gibt, wird auf Metalle untersucht.

b) Aufschluß mit Flußsäure.

Die fein gepulverte Substanz wird in einem Platintiegel oder einer Bleischale mit konzentrierter Schwefelsäure durchfeuchtet und mit etwa 5 ccm reiner Flußsäure auf dem Wasserbad erwärmt. (Abzug!) Wenn keine Dämpfe von Fluorwasserstoff mehr entweichen, gibt man abermals Flußsäure zu, wiederholt das Verfahren unter zeitweiligem Umrühren mit einem Platindraht und erwärmt schließlich über kleiner Flamme, bis keine Dämpfe von Schwefelsäureanhydrid mehr entweichen. (Abzug! Glühen vermeiden!) Der Rückstand wird in Wasser gelöst und auf Alkalien geprüft.

Nachweis von Cl′ neben CN′, [Fe(CN)₆]‴ [Fe(CN)₆]‴′ und CNS′.

Theorie der Trennung: *Aus dem Säuregemisch werden durch Cu¨ alle Säuren des Cyans und Rhodanwasserstoff als die entsprechenden Kupfersalze ausgefällt. Cl′ bleibt als Kupfer(2)chlorid in Lösung und kann, nach dem Wegkochen des nach*

$$2\,Cu(CN)_2 = 2\,CuCN + (CN)_2$$

frei werdenden Cyans in der Lösung nachgewiesen werden.

Man versetzt den mit Salpetersäure genau neutralisierten Sodaauszug mit einem Überschuß von Kupfer(2)sulfat, kocht, bis kein Cyan mehr entweicht (Abzug! Vorsicht!) und filtriert. Das Filtrat (das durch überschüssiges Kupfer(2)sulfat bläulich gefärbt sein muß, wird mit verdünnter Salpetersäure angesäuert. Ein auf Zusatz von Silbernitrat ausfallender Niederschlag von Chlorsilber beweist das Vorhandensein von Cl′.   Cl′

Um auf Cyanwasserstoff zu prüfen, zersetzt man etwas von der ursprünglichen Analysensubstanz in einem Bechergläschen mit wenigen Tropfen verdünnter Salzsäure und bedeckt das Glas mit einem an der Unterseite mit Schwefelammonium befeuchteten Uhrglas. Der freigemachte Cyanwasserstoff bildet mit dem Schwefelammonium Rhodanammonium, das, nach Ansäuern mit HCl, mit Eisen(3)chlorid als solches erkannt werden   CN′ kann (S. 42). (Man spritzt das Uhrglas mit der Spritzflasche in ein Becherglas ab.)

Ferro- und Ferricyanwasserstoff werden mit Eisen(3)chlorid   [Fe(CN)₆]‴ bzw. Eisen(2)sulfat nebeneinander nachgewiesen (S. 41).   [Fe(CN)₆]‴′

Anmerkung: Eine Trennung der beiden Säuren wird so gut wie immer unausführbar sein, da die Ferrocyanide bei Gegenwart oxydierender Stoffe leicht in Ferricyanide übergehen und da auch Eisen(2)salz sehr leicht wenigstens teilweise in Eisen(3)salz übergeht, so daß man in der Praxis fast stets beide Reaktionen nebeneinander finden wird.

Rhodanwasserstoff wird, nach Ansäuern des Sodaauszugs mit Salzsäure, mit Eisen(3)chlorid nachgewiesen (S. 42). Da bei Anwesenheit von Ferrocyanwasserstoff die rote Rhodanfärbung durch das gleichzeitig entstehende Berlinerblau überdeckt würde, überschichtet man die Lösung vor Zugabe des Eisen(3)chlorids mit Äther und schüttelt das Eisen(3)rhodanid aus. Blutrote Färbung des Äthers zeigt Rhodanwasserstoff an.   CNS′

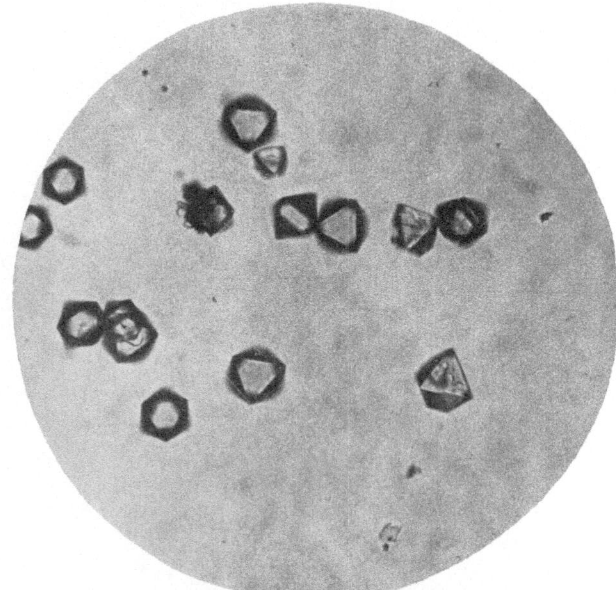

Abb. 1. Kaliumplatinchlorid (Vergr. 200 fach).

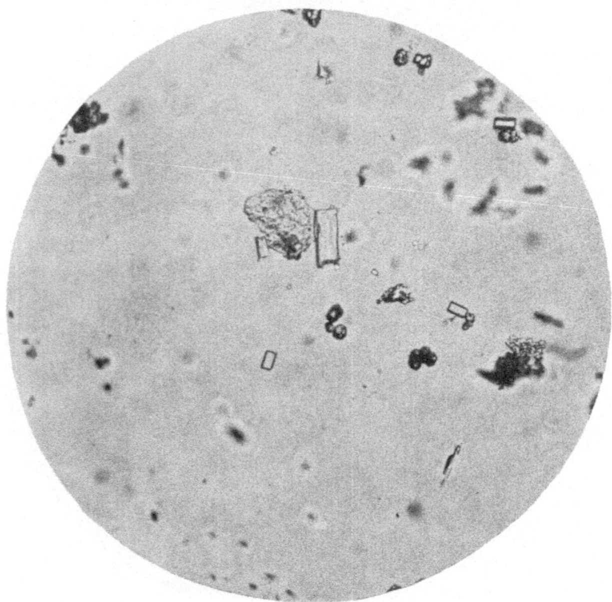

Abb. 2. Natriumpyroantimoniat (Vergr. 200 fach).

Ochs. Praktikum.   Verlag von Julius Springer, Berlin.

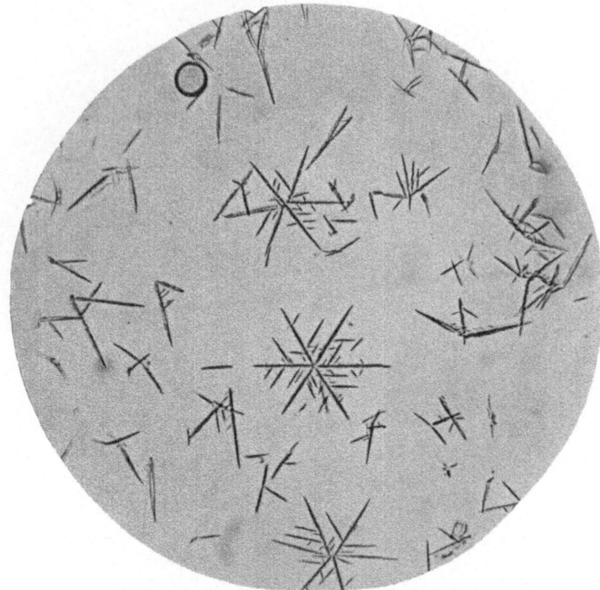

Abb. 3. Magnesiumammoniumphosphat aus verd. Lösung (Vergr. 200 fach).

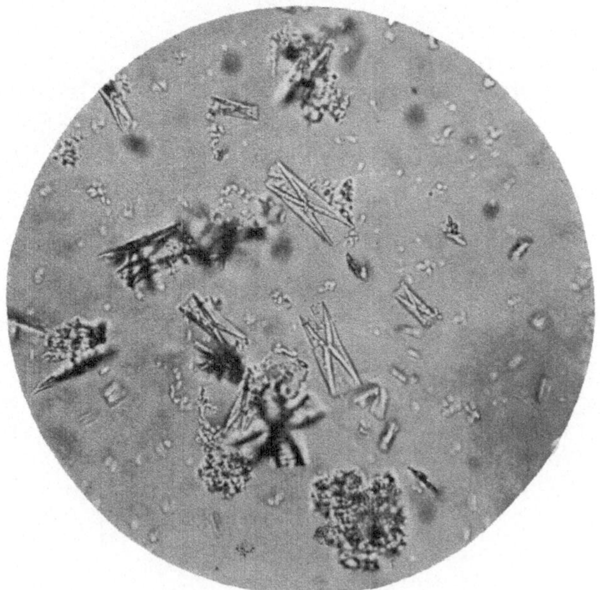

Abb. 4. Magnesiumammoniumphosphat aus konzentrierterer Lösung (Vergr. 200 fach).

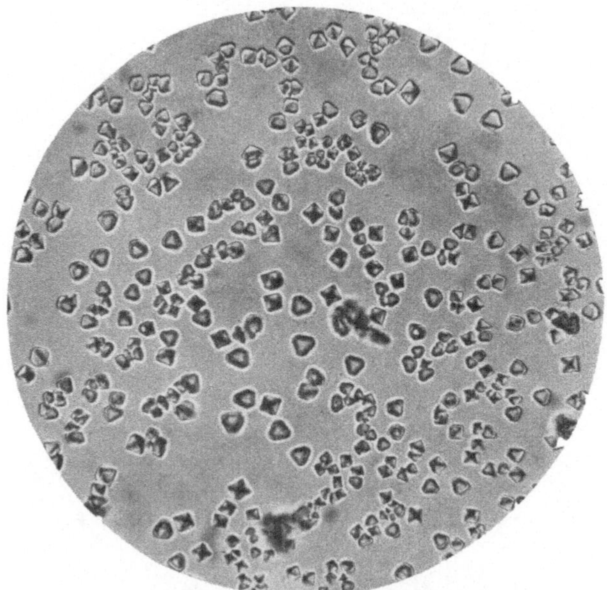

Abb. 5. Zäsiumalaun (Vergr. 200 fach).

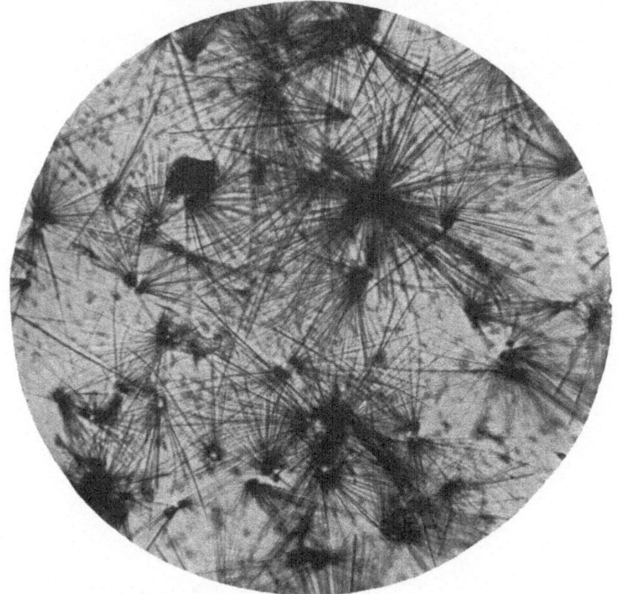

Abb. 6. Strontiumchromat (Büschelform) (Vergr. 200 fach).

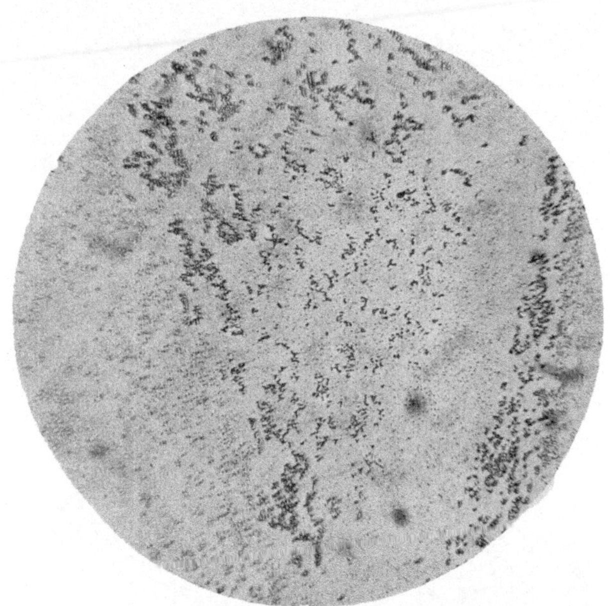

Abb. 7. Strontiumchromat (Kugelform) (Vergr. 200 fach).

Praktikum der physiologischen Chemie. Von Dr. med. et phil. **Peter Rona,** a. o. Professor an der Universität Berlin. Erster Teil. **Fermentmethoden.** Mit 73 Textabbildungen. (344 S.) 1926. RM 15.—

Praktikum der physikalischen Chemie, insbesondere der Kolloidchemie für Mediziner und Biologen. Von Dr. med. **Leonor Michaelis,** a. o. Professor an der Universität Berlin, z. Z. Professor für Biologie an der Universität Nagoya, Japan. Dritte, verbesserte Auflage. Mit 42 Abbildungen. (206 S.) 1926. RM 7.50

Einführung in die physikalische Chemie für Biochemiker, Mediziner, Pharmazeuten und Naturwissenschaftler. Von Dr. **Walther Dietrich.** Zweite, verbesserte Auflage. Mit 6 Abbildungen. (117 S.) 1923. RM 2.80

Fachausdrücke der physikalischen Chemie. Ein Wörterbuch. Von Dr. med. **Bruno Kisch,** a. o. Professor an der Universität Köln a. Rh. Zweite, vermehrte und verbesserte Auflage. (104 S.) 1923. RM 4.—

Einführung in die Mathematik für Biologen und Chemiker. Von Dr. **Leonor Michaelis,** a. o. Professor an der Universität Berlin. Zweite, erweiterte und verbesserte Auflage. Mit 117 Textabbildungen. (324 S.) 1922 RM 9.—

Grundbegriffe der Kolloidchemie und ihre Anwendung in Biologie und Medizin. Einführende Vorlesungen. Von Dr. **Hans Handovsky,** Privatdozent an der Universität Göttingen. Mit 6 Abbildungen. (72 S.) 1923. RM 2.20

Kurzes Lehrbuch der allgemeinen Chemie. Von **Julius Gróh,** o. ö. Professor der Chemie an der Thierärztlichen Hochschule Budapest. Übersetzt von **Paul Hári,** o. ö. Professor der Physiologischen und Pathologischen Chemie an der Universität Budapest. Mit 69 Abbildungen. (286 S.) 1923. Gebunden RM 8.—

Kurzes Lehrbuch der Physiologischen Chemie. Von Dr. **Paul Hári,** o. ö. Professor der Physiologischen und Pathologischen Chemie an der Universität Budapest. Zweite, verbesserte Auflage. Mit 6 Textabbildungen. (364 S.) 1922. Gebunden RM 11.—

Zeitschrift für den physikalischen und chemischen Unterricht. Begründet von **Friedrich Poske.** Unter Mitwirkung von Ernst Mach und Bernhard Schwalbe, in Verbindung mit K. Rosenberg in Graz, H. Hahn in Berlin und der Staatlichen Hauptstelle für den naturwissenschaftlichen Unterricht herausgegeben von **K. Metzner.** Jährlich erscheinen 6 Hefte.
Preis halbjährlich RM 7.50; Preis des Einzelheftes RM 3.—

Biologische Studienbücher. Herausgegeben von Professor Dr. **Walther Schoenichen,** Berlin.

Band 1: **Praktische Übungen zur Vererbungslehre** für Studierende, Ärzte und Lehrer. In Anlehnung an den Lehrplan des Erbkundlichen Seminars von Prof. Dr. Heinrich Poll. Von Dr. **Günther Just,** Kaiser-Wilhelm-Institut für Biologie in Berlin-Dahlem. Mit 37 Abbildungen im Text. (88 S.) 1923. RM 3.50; gebunden RM 5.—

Band 2: **Biologie der Blütenpflanzen.** Eine Einführung an der Hand mikroskopischer Übungen. Von Prof. Dr. **Walther Schoenichen.** Mit 306 Originalabbildungen. (216 S.) 1924.
RM 6.60; gebunden RM 8.—

Band 3: **Biologie der Schmetterlinge.** Von Dr. **Martin Hering,** Vorsteher der Lepidopteren-Abteilung am Zoologischen Museum der Universität Berlin. Mit 82 Textabbildungen und 13 Tafeln. (486 S.) 1926. RM 18.—; gebunden RM 19.50

Band 4: **Kleines Praktikum der Vegetationskunde.** Von Dr. **Friedrich Markgraf,** Assistent am Botanischen Museum Berlin-Dahlem. Mit 31 Textabbildungen. (70 S.) 1926. RM 4.20; gebunden RM 5.40

Grundzüge der Botanik für Pharmazeuten. Von Dr. **Ernst Gilg,** Professor der Botanik und Pharmakognosie an der Universität Berlin, Kustos am Botanischen Museum zu Berlin-Dahlem. Sechste, verbesserte Auflage der „Schule der Pharmazie, Botanischer Teil". Mit 569 Textabbildungen. (454 S.) 1921. Gebunden RM 10.—

Grundzüge der pharmazeutischen und medizinischen Chemie für Studierende der Pharmazie und Medizin bearbeitet von Prof. Dr. **Hermann Thoms,** Geh. Regierungsrat und Direktor des Pharmazeutischen Instituts der Universität Berlin. Siebente, verbesserte und erweiterte Auflage der „Schule der Pharmazie, Chemischer Teil". Mit 108 Textabbildungen. (556 S.) 1921. Gebunden RM 10.—

Einfaches pharmakologisches Praktikum für Mediziner. Von **R. Magnus,** Professor der Pharmakologie in Utrecht. Mit 14 Abbildungen. (59 S.) 1921. Mit Schreibpapier durchschossen. RM 2.—
Darf nicht nach Holland und den holländischen Kolonien geliefert werden.

Grundriß der Physik für Naturwissenschaftler, Mediziner und Pharmazeuten. Von Dr. **Ernst Lamla,** Oberstudiendirektor in Berlin. Zugleich fünfte, völlig neubearbeitete Auflage der „Schule der Pharmazie, Physikalischer Teil". Mit 250 Textabbildungen. (324 S.) 1925. Gebunden RM 12.—

Lehrbuch der Physik in elementarer Darstellung. Von Dr.-Ing. e. h. Dr. phil. **Arnold Berliner.** Dritte Auflage. Mit 734 Abbildungen. (655 S.) 1924. Gebunden RM *18.60*